原来，这辈子都无法放弃你

世界上最好的情话
不是"我爱你"，
而是让你成为更好的自己

文 捷◎编著

中国华侨出版社

图书在版编目（CIP）数据

原来，这辈子都无法放弃你/文捷编著. —北京：
中国华侨出版社，2014.7
ISBN 978-7-5113-4645-2

Ⅰ.①原… Ⅱ.①文… Ⅲ.①幸福—通俗读物
Ⅳ.①B82-49

中国版本图书馆 CIP 数据核字（2014）第 109320 号

● 原来，这辈子都无法放弃你

编　　著	/ 文　捷
责任编辑	/ 严晓慧
责任校对	/ 孙　丽
装帧设计	/ 昇昇设计
经　　销	/ 新华书店
开　　本	/ 710 毫米×1000 毫米 1/16　印张 /15　字数 /175 千字
印　　刷	/ 北京联兴华印刷厂
版　　次	/ 2014 年 9 月第 1 版　2014 年 9 月第 1 次印刷
书　　号	/ ISBN 978-7-5113-4645-2
定　　价	/ 29.80 元

中国华侨出版社　北京市朝阳区静安里 26 号通成达大厦 3 层　邮编：100028
法律顾问：陈鹰律师事务所　　　　　编辑部：（010）64443056　　64443979
发行部：（010）64443051　　　　　传　真：（010）64439708
网　址：www.oveaschin.com　　　　E-mail：oveaschin@sina.com

蓝莓

002 以最残酷的方式告别，只为了让你记住我

007 我们总在不懂爱的年纪，遇到最真的爱情

011 如果你不介意，我们就将错就错吧

018 爱只需一瞬间，剩下的却是一辈子的挣扎和惦念

025 这样的爱，你读懂了吗？

苹果

038 说好的，要一辈子

044 冷漠的爱人，谢谢你曾经看轻我

047 我的父亲和母亲

051 他不是我的，从来就不是

水梨

058 孩子，我永远都是爱着你的

060 假如痛苦能转移

063 原来，母爱是一种病

066 老妈的专属"节日"

069 请相信：无论她做什么，都是深爱你的

柠檬

074 总有一片情，会让你泪流满面
077 失去你会是一辈子的痛
081 那些在贫穷日子里的甜蜜
084 当爱情只剩下一百步
086 世间最好的情话，不是"我爱你"，
　　而是让你成为最好的自己

猕猴桃

094 我活着，只为了捍卫你
102 迷路的父亲
105 她的名字叫作天使
107 这个奇迹的名字，叫作父亲

木瓜

110 爱是似水流年的相守，与婚姻无关
113 幸福只是转了一个弯，幸好被她追上了
117 你的世界，我只是路过
122 30多年前的一件恋爱小事
124 当一粒沙爱上一只蚌
127 我的世界不允许你的消逝，
　　不管结局是否完美

葡萄

132 只有爱才能唤回爱

136 总有些东西，会在某个瞬间，刺痛你的一生

139 十二天

142 来生，请你不要再爱我

147 真爱没有合不合适，只有珍惜不珍惜

芒果

152 没有人会在原地等你

156 总有一天，你会对着过去的伤痛微笑

162 爱的千万种姿态

170 一度温暖，一百度爱情

173 从此相忘于江湖的陌生人

176 序号里隐藏的爱

178 失恋有一百零八种方式，到最后都是假装忘记

橘子

182 情书

187 我可不可以牵着你的手一直到终老

191 有一种感动叫缄默不语

193 今生唯一的吝啬，就是，你是我的

樱桃

200 原来，这辈子都无法放弃你

208 "爱"只一个字，却要用一生去诠释

212 你是灰太狼，我是红太狼

218 你的样子，决定了爱情的样子

222 一个女孩从19岁到30岁的爱情感悟

224 不同人眼中的不同种爱情

229 后记

蓝莓

从前喜欢跟认识的人聊生活，
跟不认识的人聊感情。
如意的、不如意的，
什么都可以聊。
而现在，
跟熟悉的人很敷衍，
要么"呵呵"一笑，
要么一连串句号。
跟不熟悉的人，
索性不理或假装消失。
苦与乐，
再不愿说与谁听。

以最残酷的方式告别，只为了让你记住我

> 世上最凄绝的距离是两个人本来距离很远，互不相识，
> 忽然有一天，他们相识，相爱，距离变得很近。
> 然后有一天，不再相爱了，
> 本来很近的两个人，变得很远，甚至比以前更远。

你，现在还好吗？

依稀记得你1996年的样子，那时的我们都青涩而单纯，隔着18年的光阴，盯视已近35岁的我，往事一幕幕呈现，恍然有前世今生的感觉。

我在整理书柜时，无意间从书堆里扒出你的照片。看着它，你当年的影子便显现出来：未发育完全，脸宠又黑又瘦，矮小的身躯显得涩味十足。真搞不懂自己当初究竟喜欢你什么！可我清楚地知道，你那时是真的在喜欢着我。那时的我既不漂亮又不可爱，可你喜欢我什么呢？小巧玲珑？也许这点还凑合说得过去吧！

我拂去照片上的灰尘，抚着心跳，兴奋地将它珍藏起来，并默默地对自己说："这是第一个真正喜欢过我的男生。"虽然

你不符合我心中白马王子的形象，但却让我意识到，成长是一件多么美好而甜蜜的事情。

其实，当初的我并不喜欢你。我仰慕我们的一位学长，他儒雅、博学、睿智、幽默、风趣，有书生意气，关键的是有一颗包容的心。而你只是一个惹老师烦、招同学厌的调皮的学生，成绩不如我，最无法容忍的是你的心胸狭窄——哪个同学惹了你，你不是恶语相向便是拳打脚踢！

那时的我，对你多么苛刻。总希望你能脱去青涩，变得足够深刻、成熟，亦如那位学长。你无法体会那种既矛盾又甜蜜的心情。我对因你招来的风言风语甚是反感，甚至会为此迁怒于你，却甜蜜地安享着你的喜欢和讨好。我必须得承认：被人喜欢确实是一件美好而幸运的事情。

今天，我翻遍了书柜和抽屉的所有角落，找出了你写给我的198封信。我依着日期，将它按顺序排好，看着上面的字迹从幼稚到成熟，心中涌起莫名的感动。你成长的每一个足迹都记载在这里面，你还记得吗？我抚摸着那些文字，嗅着上面的墨香，仿佛触到了生命的灵性。当初，你曾为它倾注了多少心血？

那时的我们，都在成长。你从一个人人讨厌的调皮的坏学生，渐渐变得爱学习，开始沉默，对别人开始主动示好。而我也从一个飞扬跋扈的假小子变成了一个安静的淑女，不再大呼小叫，不再跟男生玩篮球、掰手腕，喜欢静静地躲在角落里看武侠小说，编织文学梦。那纯粹的喜欢和被喜欢都在微妙地改变着彼此。

在沉重黯淡的高中生活中，最为轻松甜蜜的事情，就是收到你的来信。我们会共同展望美好的未来：考同一所大学，在同一个城市上班，然后……

我总以为你会懂得：我在牵挂你，亦如你牵挂我一般。所以，我总对你说，我们都要努力学习，可你总以为这是一种拒绝。

你从未意识到我的变化，你每次与同学大声嬉戏时，余光总是留在我身上，以悄悄观察我是否注意到你。可你却不明白，我已经是个害羞的女孩子，对爱情的敏感使我不能从容地把目光转移到你那里，你一定失望极了。

在美丽的武汉大学校园，我沿着宿舍门前那条幽静的甬路走到尽头，一眼便看到樱花树下的你。你剃了光头，说是要除去三千烦恼，是我带给你的。你话很少，但一出口便满是鄙夷与不屑。我抬头看你，眼里全是落寞和忧伤。

我带着你在校园里赏樱花，你却无心思。你心情很不好，因为你复读一年还是没考进这所大学。你比之前更自卑了吗？为何就不能大胆地拉着我的手说："我们一起拍个照吧！"那是我一直期待的。

那天，我们在学校食堂吃的饭。时隔多年，我仍记得当时吃的贵妃鸡和西施舌，好娇贵的菜，那是我们最后一次共同用餐。当时的我不知道该以怎样的方式表达感情，才能让你知晓我的心。

大二那年春节，你打来电话，语气颇为生疏。我隐约听到你的哥们儿在那边大喊："弟妹，新年好。"你慌忙解释是玩笑话，让我不要介意。你无法想象我当时的尴尬！

周围认识我们的人都以为我们会走到一起。但我们相恋15年，却没有牵过一次手，是不是也同样注定我们这一生都无法牵手。

矜持、羞涩的我从未给过你一次明确的答复，但是我却给了你9年默默守候的心，难道你还不明白吗？

是我先放弃的，不是因为舍不得离开我所在的城市，放弃那份体面的工作，而是不再对你，对我们之间的感情抱有任何的幻想。

我毕业工作后，你的来信中就出现了别的女子。我不再回复，但我一直在咀嚼你的文字，体会你对她的眷眷之情。我从未体会过不顾一切乘飞机去看网友的心情，感受不到你身体失重与心理失衡的感觉。可我是那样的伤心！

我在雁西湖边，在雷峰塔下，寻找你曾经千里迢迢来这里搜寻的与她在一起的记忆。你文字中对她的深情刺痛了我。你可以千里奔波，仅仅是为了重拾记忆。几年来，你却从未到距你仅有几小时车程的城市来看我。

她美丽可爱、风情万种，我沉闷呆板，卑微如尘土。乡村长大的我，传统得近乎固执，不会搭衣，不会化妆，不会跳舞，不懂开Party庆祝生日。不懂咖啡，不懂茶艺，不懂钢琴，怎比得上在大城市出生的她的富饶？

你从未给过我承诺，我从未给过你答复。不知不觉间，你的心已经遗留在别处。原来，我们一直都不是敢爱敢恨的人。

原来，最不够勇敢的人是你，是我。

把你从心中拔除是怎样的一种痛苦和无奈。记得那些无眠的深夜，想你时的泪水是怎样的波涛汹涌！你在我心里静静地安放了15年，最终却以亲人的姿势深深地扎根。

绝望促使我不愿等待，于是，便选择在一个阳光灿烂的夏日，披上婚纱，抓着青春的尾巴，圆了父母的心愿。

在觥筹交错中接受亲人的祝福，我从酒杯中看到你的影子，渐渐地离我越来越远。我泪眼盈盈，从此，我们将相忘于江湖。

你曾那样用心爱过我，却从未说过娶我；我曾那样用心待你，却从未说过"爱"字。

结婚的当天，给你发了简短的几个字：我今天结婚。没有任何的修饰和征兆，这样的结局也让你感到吃惊和凄美吧。若干年后，你会不会明白，那个曾经喜欢的女孩，用了一个最残酷的方式与你告别，只为了让你记住她。

你用短信回复：祝福你，一定要幸福哦！平凡的一句话，我却从中感受到了忧伤，痛到让人无法呼吸。文字中的她，是臆想还是真实，对我们已无意义，因为这一生我们亦不可能再有交集。

你孤独一人时，还会想起我吗？可从此，我不会再想你了，亦不能再想你了。

请原谅我最后一次对你的伤害，但是请记得，我曾经深深爱过你，默默地守候过你。

我们总在不懂爱的年纪，遇到最真的爱情

> 以为终有一天，我会彻底将爱情忘记，将你忘记，
> 可是，忽然有一天，
> 我听到了一首旧歌，我的眼泪就下来了，
> 因为这首歌，我们一起听过。
>
> ——电影《我的野蛮女友》台词

他第一次见她时，她身穿一条粉白色的连衣裙，一双米色的鞋子，长长的头发随意散落到身后，发梢随着微风轻轻舞动。仅仅是她的背影，就像是童话中的公主。她坐在公园的板凳上，翘着双腿，啃着一个苹果，那种恬静、清纯中略带一丝活泼、俏皮的样子，活脱脱似《罗马假日》中的安妮。

她拿着苹果，先用口轻轻地把外面的果皮啃掉，再咬里面的果肉，吃得很起劲。他看到她的样子，他不禁一笑：原来还有这么懒的女孩，连苹果皮都不削。后来，认识她，完全出乎他的意料。再后来，他们开始恋爱了。

一次用完餐，他看到女孩拿起一个苹果，仍然先从啃果皮开始。他一看又笑了，一手拿过苹果，开始为她削果皮，削得

很认真、执着。她看得愣住了，因为他竟然能把苹果皮削得很长，薄得像面片，一直削到最后都没断开。最后，他用刀仔细地去了核，递给女孩。女孩接过，吃着吃着便哭了。因为她品尝到了爱的滋味。

后来，她渐渐地迷上了他，他削苹果的样子像是在制作一件艺术品。一次她问他："怎样才能把一个苹果削得这么好？"他一笑，简单地回答："用心和爱去削。"女孩又一次流泪，决定嫁给他。

婚后，他把她当宝贝，使劲地宠着她，从不让她做家务。她爱画画，他全力支持她。每次画画，他都默默地站在她身边，边认真欣赏，边为她削苹果。她的画多数都无人问津，只有少数能卖出，但赚的钱还不够一个月的苹果钱。他见她不高兴，便一如既往微笑着抱着她说："别急，有我呢，我养你！"

为了让女孩生活得好一点，他在工作之余做了一份兼职。每天早出晚归的他，再也不能陪在她身边看她作画，为她打气。她开始有怨气，觉得他不如当初那样疼她了。这时，另一个男人——枫——的出现打破了她原本平静的生活。枫是当时小有名气的漫画家，出版过很多本漫画集，她被他的才华和博学深深地吸引。随后的生活中，她总是拿他与枫进行比较，觉得他除了会削苹果之外，身无所长。

经过几个月的挣扎、煎熬，她终于想放弃他。那是个星期天，她坐在画架前，一个上午都没有动笔。他站在她身后，看出了她内心的挣扎和痛苦，正在削的苹果皮不断地断落。他沉静地听了她离婚的理由，肝肠寸断，一不小心，手中的水果刀削到了手，血顺着手指流下来。他捂着手，把一个削得很光滑的苹果递给她，并微笑着说："谢谢你的坦诚，我会祝福你！"

从沉寂、平淡的婚姻中脱离出来，她感到全身心的轻松和自在。几个月后，一抹疼痛便在她的心中蔓延开来。她发现枫与周围的几个女孩子都暧昧着，她永远不会是他心中的NO.1。她以为离开了那个只会削苹果的男人会很洒脱、惬意，终究不是。直到有一天，枫的手机屏上换了另一个女人的照片时，她才恍然大悟：自己是个多么愚蠢的女人。她开始怀念从前虽平淡但踏实、安稳的日子。日子久了，她感到身心疲惫，与枫终究还是分开了。

三年过去了，一次她在人群中与前夫邂逅。他的胳膊被一个温顺可人的女人挽着，亦如当年他们一起逛街的模样。两个人都怔住了，他问她："你还好吗？"她挤出极不自然的微笑说："还好！"他依然宽厚地冲她笑："过得好，我就放心了。对了，这是我老婆，上个月刚刚结婚。"身边的女人也幸福地冲她笑。她微笑着："祝福你们！"

那天，她回到家中，有种揪心的痛袭上心头，一夜未眠。不知怎么的，脑中总是闪现出当年他削苹果的模样，眼泪无声地从脸颊一遍遍地滑过。自从她离开了他，她再也没有吃过苹果，每次看到苹果，她便会想起当初的幸福和温暖。

到半夜，仍无一丝睡意的她索性爬起来。她从厨房的果盘中拿出一个苹果，她开始像他那样削皮，原来是那样艰难，好几次，那刀都差点划到手。那需要怎样的一份耐心和执着，末了还要去掉果核。她终于明白了他对她的那份沉重的爱，明白了什么才是真正的爱情，可是，她再也吃不到那样的苹果了！

我们总在不懂爱的年纪，遇到最真、最美的爱情，它就像天使的心，很珍贵，也很脆弱。一旦失去，就再也找不回来了！

如果你不介意，我们就将错就错吧

> 她终于鼓起勇气给他发了一条表白的短信，
> 却迟迟没有得到回复。
> 她不知道，她不小心按错了号码。
> 第二天，她沮丧地和朋友抱怨。
> 旁边有个人，听得很用心。
> 晚上，还是昨天的那个时刻，
> 她接到了一条陌生的短信：
> 傻瓜，我们将错就错吧。

1

我对工作狂的男人过敏，他对拜金的女人过敏。

今年28岁的我，经闺蜜安排，去与一个陌生的男子相亲。穿过人流，如约到繁华闹市拐角处的一家咖啡厅，他已经坐在那里了。

对面的男人长相一般，穿着讲究，是个绅士男。见我进去，微笑着起身给我点一杯菊花茶，想必他早已从闺蜜那里了解了我的喜好和习惯。

我们聊得还算开心，我向他说起小时候和闺蜜的趣事。还没说几分钟，他的手机响了，说完"不好意思"就开始接电话，聊的都是工作上的事。电话接完，我继续讲小时候的趣事，不到 2 分钟，他的手机又响了，还是工作上的事。

他这次起身，说"真是不好意思，最近工作上的事比较多"，便到咖啡店外面去接。

几分钟后，他回来了，充满歉意地朝我笑笑。我不自然地从脸上挤出一丝笑，给予回应，并淡淡地说："你是工作狂吧？"

男子有点惊愕，有点不知所措："最近是公司做大项目，事情的确有点多，不过，这不算工作狂吧！"

随后，我们便随便聊了一下，便匆匆结束。我搭公交车回家，刚到家，就将他的电话号码删掉，然后给闺蜜发短信："相亲又失败，继续在剩女的路上狂奔……"然后告诉她原因：我对工作狂的男人过敏，他好像就是。

2

其实，我讨厌工作狂的男人是有原因的。

大学的时候，初恋的男孩是院报记者，负责一个小版块，一个月才发一篇稿，不足 1000 字，但他每天都忙得不亦乐乎，搞调研，作采访，那种劲头好像院报离了他就办不起来一样！

那时的我就明白，有一种男人就是如此，他们热爱自己的工作胜过一切，与这样的男人在一起不会多幸福。

回到家里,老妈问及相亲的情况,我如实回答。老妈说,分了好。老妈自己也是例子,父亲总以工作为重,老妈一个人支撑一个家别提有多辛苦。我毕业了,有了稳定的工作,如今已28岁了,仍独身一人。相亲无数次,原因是总是遇到工作狂男人,每每被问及的问题都是相似的:我晚上会工作到很晚,你会做好饭在家等我吗?如果公司派我到上海发展,你会放弃现在的一切跟我一起去吗?

他们让我对爱情恐慌乃至绝望。从那之后,我对一切工作狂或疑似工作狂的男人都敬而远之。

晚上,闺蜜在电话里冲我大吼:"那个男人是我最敬佩的表哥,像你这样挑剔的剩女,还真别指望通过相亲把你处理掉。我让你去,只是想让你帮我个忙,让他知道所有的女人不是都像他前女友一般。至于人家是不是工作狂,完全和你无关,你只需要让他知道,世界上也有不拜金的女人,让人家对未来的爱情充满希望就行。"

3

那好吧,谁让我交友不慎呢?自己情伤累累,却还要去帮别人疗伤。

重新要了那个男人的号码,给他打过去:"不好意思,今天你工作忙,我没太能理解……"

"没关系,那样我确实也不够好,以后一定要注意。"

我便假装相中了他，与他谈恋爱。我28岁，他35岁，我们都是孤单的，暂时找个慰藉，打发空虚无聊的时间也好。

我开始向他借书，借的时候，说"不还了哦"。他笑了，是那种淡淡的、冷漠的、无所谓的笑，好像知道我就不会还他，就算我不还，他也能承受得起的笑。一周后，我把书还给他的时候，他有点儿诧异，我说有借有还，再借不难。

一起去吃饭，在点菜后，我总会在去洗手间时，趁他不注意先把账付清。一起去逛街，买了件外套，他拿出现金要付钱，我赶忙拿出卡。导购说刷卡机暂时不能用。他说，他付就好，我说不行，我自己买衣服，怎么能让你付钱呢？他付过钱后，我走到路边的取款机取出钱塞给他，他说你干吗这么客气嘛。整整一天，他都目瞪口呆，说我这样的女孩子真是少见。我说："我自己有工作，挣得不比你少，很享受埋单瞬间带来的潇洒感。"

他笑了。在都市柔和的霓虹灯下，我第一次觉得，他笑起来的样子很惹人心疼。

4

我有些好奇，找闺蜜解惑："他怎么会对拜金女反感？"闺蜜说："就像每个爱情过敏症女孩子都有一段心酸史，每个患过敏症的男人背后也都有一段惨痛经历。"

毕业之后，他第一次恋爱，女友拿他的东西从来不还，理所当然地花他的钱。那时候他在中关村攒机（自己动手把电脑的各部件一件一件攒起来组装成一台电脑，就称为"攒机"），每个月把赚来的钱全部都奉献给女友，女友还和他说了再见，和另一个男人走了，仅仅因为那男人比他早一年攒机，赚得比他多一倍。他后来遇到另一个女子，还没有恋爱，就开始向他要房要车，那时候他有一套小房子，女子说先转到自己名下。后来，分手了，女子死活不还房子，说是要抵消青春损失费。从那之后，他就对女人有了过敏症，只要遇到向自己要东西的女人，他都退避三舍。

"不能因为遇到几棵歪脖树就否定了整片森林啊。好女人多得很，你就是一个，所以我派你去拯救他。"这是闺蜜的逻辑。

为了更好更快地完成任务，我开始实施我的计划。先向他借一些贵重的东西：笔记本电脑，因为先前有过借书的经历，他便借了我，一周后我便还了他。我开始大胆尝试向他借钱，那天打车忘记带钱包，向他借了100元，很快又还了。然后是iPad，旅游的时候借来解闷，回来的时候，第一时间便还给了他。

那天我去他家里玩，他有急事出门，因为前一天加了整晚的班，我便在他的沙发上睡着了。醒来的时候，发现他坐在地板上看着我："你睡觉流口水，还打呼噜，完了，你的形象尽毁，看来是很难嫁出去了。"

他开玩笑。不知道为什么，那一瞬间，我觉得那么温暖。在这个陌生的城市，我多么渴望自己睡着的时候，有人陪在自己身边，温柔地呵护着、注视着我。我不怕在他面前打呼噜，两个人若是真心相爱，彼此陪伴着打呼噜也是一种幸福。

5

一个月后，为使他的病情尽快好转，我觉得还得向他借点什么，借1万元，然后再还给他。

我支支吾吾地说："能不能借我1万元？"他却摇摇头。我并没有尴尬、生气，想他还是一朝被蛇咬，十年怕井绳。我没想到，他竟然直接递给我一张存折——他攒的10万元。他说这是他所有的积蓄，要是我愿意，可供我支配。

那一瞬间，我觉得自己幻听了。我几乎不通过大脑便脱口而出："你不是有拜金女过敏症吗？怎么会这样做呢？"

他笑了。

他说："是啊，我曾经有拜金女过敏症，但是我的表妹介绍我们认识时，我的过敏症早已经好了。"闺蜜那时候总是拽着他，说不能因为遇到几个拜金女就认为所有的女人都那样。她还拉着他看电视相亲节目：男嘉宾一上来，刚介绍自己是精打细算、会过日子的人，台上的灯就全灭了一大片，灭灯的女子们都有"抠门男过敏症"；男嘉宾刚说自己和老妈相依为命，灯也哗啦哗啦灭一大片，灭灯的女子患的是"他居然父母健在过敏症"……闺蜜说，男人和女人都一样孤单，在陌生的城市里寻找自己的另一半，如果刚开始不如意，就会患上各种各样的过敏症。

他明白了这点，慢慢也就把自己的心理状态纠正过来了。

闺蜜说让他帮个忙，她认识一个女孩子，有工作狂过敏症，所以介绍我们相亲，让他帮我治愈。

"我知道你用的是脱敏疗法，让患者一点一点接触过敏源，最终完全适应，不再过激反应。遗憾的是，我没有想出什么办法治疗你的工作狂过敏症。何况，我的确是有点工作狂的。"同时，他也艰难地承认，"在一天天的相处中，我已经爱上你了，但是不知道，你是否愿意将错就错地接受我呢？"

我静静地望着他。

原来整件事情都是闺蜜的主意。最让我意外的是，我们爱上了彼此。

但是与我比较起来，他是多么不合格，他并没有想出办法治愈我，甚至，和我比较起来，他压根儿不知道从哪儿开始，从哪儿努力。

是的，他的确有些工作狂，是我讨厌的类型，但是，我还是愿意接受他，甜蜜地和他拥抱在一起。

交往期间，他总是竭尽所能地抽出时间来照顾我。他说，他已经找到治疗我工作狂过敏症的疗方了，那就是爱，给我很多很多的爱。我告诉自己，就算他是工作狂，他也值得我冒险去尝试。很多很多爱让我克服了自己的过敏症日后会怎样谁也说不清，但我知道，至少年轻的时候，我曾不管不顾，克服自己的过敏症，和那个很爱我的人在一起。日后回想起来，也不会后悔！

爱只需一瞬间，剩下的却是一辈子的挣扎和惦念

> 我们相爱过吗？
> 相爱过。
> 多久？
> 好像是一瞬间。
> 那剩下的呢？
> 剩下的，是无尽的挣扎和惦念。

那一年，他6岁，她5岁。

他们是同学，也是邻居，住在同一个大四合院里。他家朝北，她家朝南。他们每天一起游戏，一起上学，一起做作业。她，白皙的皮肤，水汪汪的大眼睛，长得很漂亮，男孩们都喜欢围在她周围。

放学回家路上，总有一些调皮的大男孩拦路向她示威，她吓得大哭。从此，她便害怕一个人走夜路。而他总是默默地守候在她身后，有男孩拦路，他总会忽然跳出来保护她。

很多时候，他经常被人打得鼻青脸肿。而在她心里，他已经是自己的守护神了。

那一年，他13岁，她12岁。

到了初中，她出落得越发漂亮，而且成绩优秀，多少男孩都渴望靠近她。而他，却依然平凡，他们还一同上学，一同回家，下雨天共撑一把伞。班级里的男孩都绞尽脑汁、想尽办法希望把她身旁的他换成自己，可是，她心里却始终装着他，任谁也替代不了。

他每天都骑单车载她上学、放学。他在前面飞快地骑着，吹着口哨，仿佛在向全世界宣告他的幸运。而她会在后面揽着他的腰，有时会忽然翘起双腿，自行车清脆的铃声一路叮叮当当地响过，仿佛是幸福在唱歌。

那一年，他19岁，她18岁。

在高中那紧张的日子中，他依然默默地照顾着她：饭菜不合口了，他便回家带来她爱吃的饭菜给她；学习压力大了，他给她讲笑话；考试前，给她鼓劲、打气；难过了，给她安慰……

她对他说：我们一定要考同一所大学，这样才有安全感。

而他只能笑笑，便埋头苦学。

她是那么美丽、优秀，是全校男孩心目中的女神。平凡的他越来越觉得她已经成为自己心中一个不可触及的梦。

她总是接连不断地收到一些男生的情书，很多时候，他也被人拜托做情书的传递者。而她却总是满不在乎，看也不看地就丢进垃圾筒里。他有时候也会玩笑似的问她："那么多人喜欢你，有没有称你心意的？"

"没有!"她坚定地回答。

他每次给她递信,她总是气愤地说:"以后不要再做这些无聊的事了!"

他憨笑,心中暗自窃喜。

高三毕业,她如约考上了他们共同约定的大学,而他却落榜了,只能到一所较差的学校报到,那是一个距她很遥远的城市。那天,她哭成一个泪人,觉得自己的世界少了一个遮风避雨的屏障。

那一年,他21岁,她20岁。

大学里,她每周都会收到他的来信,信的开头总会问:"在学校还好吗?有没人欺负你?"她总会淡淡地回复:"我可不是当年那个柔弱的小女孩了,哪那么容易被人欺负!"

他的信件越来越频繁,而她的回复越来越少。

大三暑假,他没有见到她。她妈妈告诉他,她身边有了一个很疼爱她的男孩,两人一起到南方游玩去了。他的心一震,一种难言的伤痛像小老鼠一样慢慢啃噬着他的心。

大四寒假,他回家时带回一个女孩,说不出有多漂亮、但身上却有她的影子。可是那年,她偏偏还是孤零零的一个人。

他们在院子里相遇,四目相对,极其尴尬。她看着他身边的女孩挽着他的胳膊,便强颜欢笑:"身边的人终于露面了!"他尴尬地对身边的女友介绍说她是他的妹妹。

他用哥哥的语气问:"你身边的人呢？没陪你回来吗?"

"他?"她冷笑说:"早分手了！和他在一起一点安全感也没有。"

她捻了捻头发，对他身边的她说:"我哥哥可是个极好的男人，一旦爱上了，会用心抓着她一辈子！"女孩羞涩地低下了头，玩笑似的说:"他有太多女孩子喜欢，追他费了好大的劲！"

她微笑着祝福她，却满心落寞。

大年三十，他趁着女朋友陪妈妈做饭的间隙，到她家里去拜年。他看出了她眼中的失落，心中极为煎熬。她送他到门外院子里，他终于鼓足勇气对她说:"当年我给你写的情书，你为何不给我回复？难道……真的不喜欢我吗?"

她睁大了眼睛，吃惊地看着他:"情书？什么……情书?"

"高中时，那么多男同学给你写信。其实，我也写了一封，没敢亲手给你，放在你文具盒底层的衬纸下面了，我以为……"

没听他说完，她便飞快地跑回家，翻箱倒柜找出当年用过的文具盒，倒出文具，揭开底层的衬纸，看到一张淡蓝色的信纸，上面用秀美的小楷写着:"其实，我一直喜欢你，希望不仅仅是你的哥哥。虽然你一直把我当哥哥看，可是只有我内心知道，我希望你能永远都能坐在我的单车上，让我好好守护你……"她一下子瘫坐在地上，眼泪滑落在纸上，仍然无法赶走爱他却又伤他的痛。第二天，她想去找他，但是到门外，透过窗玻璃看到他女友的身影，她却退却了。而他也从屋内看到了她的影子，一切都明白了。

她不能对跟他回家的那个女孩那么残忍，毕竟，她从在学校开始，就一直照顾他，她对他的爱，用她的话来说，是没有了他，就会死掉的！他是个有情有义的男人，也绝对不会辜负对自己死心塌地的女人。

接下来与女朋友在一起，他完全心不在焉。他想了很多，终究忍受不了心灵的折磨。终于，他拥着女友说："对不起……"可是，当他再去她家的时候，她妈妈告诉他，她一大早就离开了，到另一个遥远的城市工作了。

几个月后，他把学校的事情处理好，便简单收拾了行李去她所在的城市。当他出现时，她完全惊呆了。他激动得一把抱紧她："跟我走！我给你一个家！"

"可是……"她举起右手，钻戒闪亮得刺眼，说："我准备结婚了！"他惊讶地看着她，怎么会这么快？不过几个月的时间，她就要嫁给另一个男人了，每当想到此，他的心便隐隐作痛。

"你知道吗？我一直爱着你，可没想到你从未打开那封信……"

"一切都晚了！"她打断他，"你应该对她负责任，不要轻易辜负和伤害别人……就像我，也需要用终生回报他一样！"她说得那样决绝，他听得肝肠寸断。

从此，他开始失眠，大把大把地吞安眠药，人顿时消瘦和憔悴了许多，直到遇到和她相似的女人。

那一年，他25岁，她24岁。

她结婚了，丈夫视她如宝，百般迁就她的坏脾气。

在另一个城市，他也结婚了，妻子是个单纯、贤惠的女人，操持家务，孝敬父母。

再次在家相逢时，她有丈夫陪伴，他有妻子在旁。两人仍旧不敢直视！于是，他们常常是，他陪妻子说笑，而她却与她的丈夫十分默契。他们聊的话题，仍旧是他们小时候的糗闻趣事，只是没有了太多甜蜜。他们都顾及着身边的那个深爱着他们的人。他们唏嘘，身边的人也感动着！原来遗憾真的可以让爱更加刻骨铭心。

那一年，他31岁，她30岁。

后来，她每年都与丈夫回家过年，他也每年都要带妻子与父母一起团圆。她的女儿叫他舅舅，他的儿子叫她姑姑。他们之间的感情仿佛变成了血浓于水的亲兄妹。

到了各自孩子上大学的年纪，他给她打电话："妹，我家孩子学文科，你给推荐一所好的学校！"她在电话里笑了起来："真巧，我正好也想问问你，我的孩子该考哪所学校？她也钟爱文科！"她顿了顿，已经猜出了他的心思，说："不如这样了，让他们考同一所大学吧，这样他们兄妹也好有个照应。"他握电话的手抖了一下，忆起了当年的情景，泪止不住地流了下来。

孩子们都很争气，考进了同一所学校。他对儿子说："一定要好好照顾妹妹，不能让人欺侮她！"她对女儿说："不要跟哥哥调皮，惹麻烦。"

也许两人早已经有了预感,当他和她接到儿子、女儿的电话说要结婚的时候,他们都笑了。在孩子们的婚礼上,他坐在她的旁边,看着彼此两鬓斑白,他温柔地说:"我们最终还是成为一家人了!"她欣慰地点点头,脸上带着疲倦的微笑:"只是等得太久了,最后在一起的却是我们生命的延续。"

那一年,他70岁,她69岁。

后来,他被诊断出患了癌症,他彻底绝望了,对身边所有的人发脾气,他拒绝住院治疗,情绪完全失控,看到家里的亲人便破口大骂。妻子站在医院的过道里,心疼地叹了一口气,对儿子说:"给你岳母打电话,也只有她才能治得了你爸的毛病!"

她急匆匆来到医院,见到他,只说了一句话:"你要是还想再见到我,就好好听医生的话,住院治疗!要是不想,我马上就离开,以后你是死是活,我都不再过问了!"他看着她,失声痛哭起来。

……

那一年,他72岁,她71岁。

她一个人呆呆地站在他的墓前,眼睛里没了泪水,心中全是酸楚。

墓园里凄凄凉凉,风时不时地掠过她的发丝,像是他的哭泣,也像是他的回应,他们彼此的心都是有默契的,不是吗?

原来爱上只需一瞬间,剩下的却要用一辈子的时间去挣扎和惦念。

这样的爱，你读懂了吗？

> 每个人都有失恋的时候，
> 我每一次失恋呢，都会去跑步，
> 因为跑步可以将你身体里面的水分蒸发掉，
> 让我不那么容易流泪。
> 我怎么可以流泪呢？
> 在阿美的心里面，
> 我可是一个很酷的男人。
>
> ——《重庆森林》台词

1

"冷吗？"他问。

"不冷"

"那就是冷了。"他脱下自己的外衣给她穿上。

"饿了没有？"

"不饿"

"那就是饿了。"他霸道地拉着她走出去。

"还恨我嘛？"他小心问道。

她使劲摇了摇头，咬住嘴唇，泪水始终没有倾泻出眼眶。

"那就是恨了,这样很好,你可以简单地活着,那样太累了,我知道。"

这一刻,她潸然泪下。

这一次,他没有说反话。

如果爱我不如恨我来得简单,那么请你恨我。

2

10年前,他为了出国深造抛弃了自己的未婚妻,当下事业有成,他便开始愧疚,听说她过得不好,他想去弥补。

他去了她的鱼摊,她在刮鱼鳞,边上蹲着一个男娃,模样和他有几分相似,他心里一震。

她突然停下来,指着隔壁摊儿的男人:"你咋还不给孩子做饭呢!"他松了一口气,转身便离开了。

她递根烟给隔壁的男人:"刚才真是不好意思。我这样做,只是为了不愿意做他的累赘,不愿意让他带着愧疚过一生。"

3

她躺在他的怀里幸福地呢喃着:我永远属于你。

一天他犯了不可原谅的错误,被她拒之门外。

"你走,我再也不想见到你。"

他说:"那麻烦你把属于我的东西还给我。"

她生气地把他的衣服、电脑全扔了出去。

"还有,还有……"他坚持着。

她叹了一口气,走出门,"好吧,还有我!"

如果你一直清楚地知道我属于你,那该有多好。

4

她不止一次地跟他说，你可以去找别的女孩子，我不介意的。

他总是一笑而过。

直到有一天，他带回来一个漂亮的女孩，她忽然沉默了，敷衍两句起身说去洗手间。

望着镜子里自己微红的双眼，她深深地吸了一口气。

打开门却发现他抱胸倚在门口对她笑，他身后的女孩说："哥，我走了啊。"

他回头说："谢谢。"

当他再次回头，却发现她满脸的泪水，他抱住她说："对不起，让你难过了。"

他终于明白："原来就算我不介意，你也是介意的。"

5

她问他："游戏重要还是我重要？"

他面无表情地坐在电脑面前，说："游戏！"她笑了一下。

她问他："你妈妈和我同时掉下水，你先救谁？"

他毫不犹豫地回答说："我妈！"她没说话。

她问他："我和全世界你选谁？"

他眼睛眨也不眨地说："全世界！"她的眼泪掉了下来。

快说出分手的那一刻，他说："为什么不问我和你，谁重要？"

她诧异地抬起头。

他什么也没有说，只是温柔地抱住她。

是啊，拥有一个把你看得比自己还重要的男人，你还要比什么。

6

女孩很优秀，男人很贫穷。

他们的婚姻遭到家人的反对，朋友的围攻。

最终，他们排除种种阻碍，好不容易有了婚姻。

婚后的生活虽清贫，但却温馨、温暖。

女人很满足，男人很惭愧，有点不忍心让她跟着自己受苦。

一天，她在做饭，他突然从背后抱住她，说："老婆，我们离婚吧！"

她愣了一分钟，然后转头对他微笑，说："好。"

没有原因地结婚，没有原因地分开。

男的没有再娶，女的没有再嫁。

十年后，男的说："你还好吗？"

女的说："一切安好！你应该很好！"

男："我什么都不好，对不起！"

女人笑了说："你终于肯低头了。"

他爱开玩笑也爱面子，她对他的每一句话都说好，可是，倔强的爱情让他们错失了十年的光阴。

7

她说："怎么办，我喜欢上了一个男生！"

他笑了笑说，"嗯，去追吧，我会支持你！"

她说："怎么办，我忘了带午餐。"

他笑了笑，说："嗯，吃我的吧，我不饿！"

她说:"怎么办,我喜欢你。"

他笑了笑,说:"嗯,我知道,在一起吧。"

从此,她问了他一辈子,他对她笑了一辈子。

8

他有多啦,什么事都替他操办好。

无论受了什么样的委屈,多啦都会尽自己最大的能力安慰他。

直到多啦回去了他的世纪,他便找不到他了。

他哭着说:"多啦A梦,没有你的大雄根本就不是大雄了。"

他将所有的零用钱买了铜锣烧,然后坐在桌子前等待多啦回来。

可他不知道吧,多啦的零件全部坏了,回不来了。

多啦美告诉多啦说:"大雄哭了,很伤心。"

多啦使出最后的力气,拿出竹蜻蜓,然后说:"给大雄,他不喜欢走路!"

就算没了生命,多啦A梦也永远爱大雄。

9

他厌恶她凡事都是顺其自然的态度。

"你说不要我的,是吗?"她咬着嘴唇问他。

他无所谓地耸耸肩膀,"那又怎样?"

过了很久,她笑了,"你不要我,那我要你好了!"

他抬起头,无数感动让他心脏有点疼。

如果你能不那么倔强,每个细节都能让你感动。

10

　　她没有味觉，可她的梦想却是做一名厨师，喜欢给他做饭，非常喜欢。

　　她喜欢他每次吃完自己做的饭菜后满足的样子，然后她会幸福地端着盘子去洗。

　　今天，她让他带哥们一起来，他便爽快地答应了！

　　如往常一样，要洗盘子却发现水果没有端出去。

　　走到门口却愣住了。

　　"哥们，有水不？真的太咸了，我已经演得很好了。"

　　水果盘掉地，他们应声转头，哥们儿尴尬地要解释。

　　她跑过去抱住他："为什么不告诉我？"

　　他宠溺地揉揉她的头发："如果告诉了你，谁来给我煮饭？"

　　是谁说抓住男人的心就得抓住他的胃，其实抓住他的心就能抓住他的胃。

11

　　她看着每天课桌上摆着的便当，无奈地叹了口气："如果是他送的该有多好！"

　　他看着每天课桌里的巧克力，顺手扔进垃圾桶里："如果是她送的，该多好！"

　　直到有一天，他们因为相同的想法提前到学校。

　　他看到手里拿着巧克力的她，愣了！

　　她看到手里提着便当的他，心脏慢了！

　　我真的不曾知道，原来你一直在我身边！

12

他们分手了,她站在海边,海风让她冷静下来,闭上眼睛,回忆起他的一切,她大声喊:"那个他,我不要了,忘记!"

第二天起床,她依旧给他发短信:"早安,宝!"

对方回复:"我的贝已经换人了!"

她也顿悟:有些爱,的确应该放弃。

13

她是胖妞,真的很胖,却喜欢上了公认的校草,她暗恋他。

她把一切想对他说的都写在本子上,后来,一个男生偷看了本子,这事便被公开了。

她被取笑得躲起来,他走到她身边,说:"我也喜欢你。"她感动得看着他,心里暗誓要变美。

校园里并没有人祝福他们,同学们都觉得他们不般配,他看着她辛苦地减肥,心痛。

她却笑着说:"我希望能和我喜欢的你得到众人的祝福。"

14

每天晚饭后,他们都会去公园里散步。

而她总是很娇气,每次走几步就嘟嘴:"背我。"

他也不是每次都愿意,有时候假装蹲下来,等她准备上来了,忽然就蹿出去,她就在后面追打。

两年前他得了重病住院,她偶尔也会一个人来公园走一走。

临终前,她问他:"还有什么心愿吗?"

他笑着说:"我想再背你一次。"

那些最真实的，才是最后怀念的。

15

他和她相恋一个月，他发现了她的很多缺点。她和男同学玩得很疯，她被男同学抱在怀里掐脸蛋儿。他看见了，伤心地低下头。

她娇气地说："他欺负我！"

"我看到了！"他低声说。

他们分手了，她说："你根本不爱我。"

他苦笑："围绕在你身边的人太多，阻挡了我爱你的通道。"

16

她爱他，很爱，很爱。可是此刻，他已经不属于她了。

在他面前，她忍住了眼泪说："好久不见了！"

"是啊。"

"她……还好？"

"嗯，很好。我先走了，她需要我。再见。"

"停，"她喊住了他，说："如果可以，我一定用力抱紧你，可是，现在我连靠近你都需要勇气了！"

"那我们别再见了！"说完后，他加快脚步离开。

17

一天，一个男孩送给他的女朋友一台中文传呼机，温柔地对她说："我以后再也不怕找不到你了。"

女孩调皮地说："如果我离开这座城市，你就呼不到我了。"

男孩得意地摇摇头说："我可是办了漫游的，无论你走到哪里我都会呼到你。"

女孩问他传呼号码,男孩说:"这是爱情专线,号码不公开。"从此,女孩每天都把它带在身边,一刻也不离开。

18

她问他喜欢什么样的女孩儿。

"不温柔大方,起码要善解人意!"他说。

她看着他,安静地说:"我不是。"

"嗯,我知道,所以我并不喜欢你!"他转头继续做自己的事情。

她望着他的背影良久,然后接着说:"可我喜欢你。"

他转头,笑得很明媚。

其实不是看我喜欢什么样的女孩,而是看我喜欢的女孩是什么样的。

19

她和他是很好的朋友,她常说要当他的兄弟,他总是说:"不要你当我兄弟。"

她失恋了,喝了很多酒,他陪着她,她问他:"我哪里比那个女的差,为什么?"

"那我,哪里比他差,为什么你就不能喜欢我?"他低沉地问。

不喜欢就是不喜欢,即便是再优秀,还是不喜欢。

20

他在电话的一端,她在电话的另一端。他从早晨开始就准备给她打电话，因为在梦里他已经把这个号码拨过无数遍。

但是他却想，星期天，她一定还没有起床。他好不容易挨到太阳升高，他拎起话筒，但是又想，这时她一定在做面膜，不好打搅她。他心不在焉地翻过几页书，看一看表已经是中午了，毫无疑问，她已经在用餐了。

用完餐她或许会午睡，即便她不睡，她的母亲肯定也是要睡的，铃声大作会把大家都吵醒。

下午可一定要打电话了，再不打可就晚了。可是忽然想起她曾经说过，午睡后喜欢静静地坐那么一会儿……第二天在厂门口，他遇见了她。她告诉他："昨天，整整一天我都在等你的电话。"

21

她在海边悄悄地看着不远处他在水中自在游动的身影，时起时伏，她的思绪也随着他的动作摇曳着。

"我们真的不能在一起吗？"

他在水中偷偷地望着岸上的她在风中孤单地立着，害怕她发现他的不舍，不敢多看。

"我们真的不能在一起……"

那样许久许久，不舍和遗憾在天际弥漫。

最后的最后，她落泪展翅飞翔，他叹气潜入海底。

飞鸟与海鱼相爱，只是一场意外，故事的最后，重归原点。

22

她暗恋他好久，一直说不出口。

一天，他们玩真心话大冒险，他输了。

她问:"如果你得到阿拉丁神灯,可以满足你三个愿望,分别是什么?"

"第一个,我希望你幸福。"

"继续。"

"第二个,我希望我幸福。"

"还有一个!"

他突然在她耳畔说:"第三个,我希望我们幸福。"

最美的意外,就是自己暗恋的那个人也恰好暗恋着自己。

23

她一直陪在他身边,看着他穿梭于群芳中。

为他高兴,为他流泪,默默守候了他两年。

他说:"够了,我们结婚吧。"

她笑着问:"为什么?你那么多的红颜知己呢?"

他说:"我要不在结婚前把坏事干完,最后倒霉的还是你。"

那一刻,她知道自己是全世界最幸福的女人。

浪子回头,看到的不是身边那么多的红颜,而是默默守候在自己身边的那个女人。

苹果

最后的最后，你想成为什么样的女人？

当我四十岁的时候，

身体健康，略有积蓄，

已婚，

丈夫体贴，孩子听话，

有一份真正喜欢的工作，

这就是成功。

不必成名，也不必发财。

——亦舒《地尽头》

说好的，要一辈子

> 不行！说好的一辈子！
> 差一年、一月、一天、一个时辰，
> 都不算一辈子！
>
> ——电影《霸王别姬》台词

18岁那年，感情细腻的她对爱情充满幻想，时常会想着自己的另一半会用什么方式来爱她，给她幸福，给她浪漫。可是，直到上大学时，她都未真正恋爱过。看着身边的姐妹都有男朋友，天天手捧鲜花，单车接送，忙着打扮赴约会，她的心里满是羡慕和落寞。

而现在的她，已经是一个6岁孩子的妈了。直到现在，她都搞不清楚怎么就稀里糊涂地嫁给了他，没有鲜花、浪漫和感动，甚至一点美好的回忆都没有。似乎从那次相识开始，她就不知不觉地、一步步地踏入了他设计的"爱情圈套"中。

那是读大二的时候，他高她一个年级。当时的他是学校文学社的社长，长相英俊，极富才情，为人风趣幽默，待人细腻周到，颇有人缘，是中文系女生私下里的"话题王子"。而她则凭借高中时发表的一篇文章，成了他手下最受器重的帮手。他忙着办校园报纸，出校园杂志，从征稿到审稿，再到制版、印刷，她都参与其中，忙得不亦乐乎。

有一天晚上，他约她出来，说是有事情要商量。他们便沿着新校区的林荫小路走了很远，然后在一个隐蔽的石桌旁坐下。她问他有什么事，他清了清喉咙，一本正经地说："经过这段时间的相处，我发现你是个有才华、能干、善良和可爱的女孩儿，而我的诚实可信想必也给你留下了印象……"对于从未经历过爱情的她，听到此，心便开始扑扑地跳，羞涩地低下了头，满腹狐疑地等待下文。

"其实……我……哎，真不知道该如何开口！"
她的心开始激动起来。
"算了，豁出去了！我今天是想向你说三个字……"
她的心越发激动，仿佛他也能听到自己的心跳声。

"如果因为这三个字，你从此疏远我或不再理我，我会非常遗憾和难过；但如果因为这三个字，使你我的关系更进一步，我会非常高兴……"

她的脚在地上不停地蹭来蹭去，右手大拇指拼命地抠着食指，脸开始涨得红起来，眼睛始终盯着脚下，头也不抬地坐在那里。她真的不敢相信，受诸多女生爱慕的白马王子会倾心于自己。

但是，接下来他的话却能让人吐血。

在她极度别扭时，他却慢吞吞地说："那就是——借点钱！"

她猛然地抬起头来，正好看到他因极力忍住爆笑的冲动而涨得通红的脸，以及满是戏谑的双眼。

她的窘迫他尽收眼底，羞涩和激动全然没了，怒火从胸中升腾出来，她猛地站起来狠狠地往他的屁股踢出去一脚，而他则是敏捷地向后一躲，终于大声地笑出声来，跑到不远处，边回头看她，边捧腹大笑。

"你真是可爱，一听到三个字就想到那三个字！看看，中招了吧！"

"真是个讨厌鬼，有钱也不错给你！"她脸涨得通红，气急败坏地转身就走！

"别别别，真是和你开个玩笑，谁让你平时那么可爱呢？文学社办报纸的经费还没批下来，你先给凑合垫点儿，你平时那么大方，一定不会拒绝的吧！"他走近，开始哄她。

她想了想，确实是自己犯傻，终于忍不住笑出了声，一切的不愉快顿时烟消云散了。

后来，她真的把身上所有的钱都借给了他，而且彼此间的关系更进了一步，成了无话不谈的好朋友。

他毕业离校的时候，她异常难过，心异常地疼。而他只是潇洒地与她握了手就头也不回地走了。

她接替了他的位置，负责文学社的一切事务。

之后，他们就通过打电话、发邮件联系，每次他都长篇大论，给她啰唆求职和工作中的喜怒哀乐，而她也将自己的烦心事说给他听，每次他总会大笑一场，然后夸她可爱。不知不觉，她越来越渴望能听到他的声音，每次通电话，都会莫名兴奋，睡觉时总是回想着与他在一起的美好时光。发呆的时候，也会想着对方在干什么。她不禁惊讶于自己的反应了，也发现了一个无可奈何的事实：她真的爱上他了。

毕业后，她义无反顾地来到了他所在的城市。

一年的时空距离并没有冲淡他们的感情，接下来的日子里，他们仍旧像在大学里一样和睦相处，闲暇时间他们几乎都是在一起度过的。

大半年后，一个冬天的晚上，他们在餐馆里大吃一顿，各自捧着滚圆的肚皮沿着大街一路说笑着，彼此开彼此的玩笑。

"你还不找个男朋友，小心老得嫁不出去，到时候可别赖上我啊！"

"你呢？不是到现在仍是光棍一个吗？不会对我有什么非分之想吧！"

彼此开着玩笑，高兴地说着、笑着。

在一个路口，他们停了下来。

他突然静下来，转过身平静地对她说："我们认识时间不短了。几年来，我们彼此都已经很了解了……"

她下意识地联想到四年前的那个夜晚，便一下子笑起来，打断他说："是不是又想借钱了？不是吧，刚才那顿饭，菜点得是有点多,但是也没花多少钱啊!好吧,直说吧,借多少!"她拍着胸脯俏皮地说。

"不,你听我说完嘛!"他一如当年一本正经的样子。

"好好,说吧,借多少,别给我说'我只想对你说三个字,如果因为这三个字,你从此疏远我或不再理我,我会非常遗憾和难过;但如果因为这三个字,使你我的关系更进一步,我会非常高兴'别再给我玩这个把戏了,不吃这一套!"

他没有预料中的那样大声地笑出来,只是很平静地说:"这次不是借钱。"

"那你想借什么?我可是身无长物。"

"借你!"看着他坚毅的脸庞,她一下子就懵了。

"我想先借你1年,做我的女朋友;再借2年,做我的老婆;再借你100年,做我孩子的妈妈;然后再借你100年,做我的老伴儿,可不可以?"他温柔的眼神深深地看穿了她的心。她惊呆了,马上醒悟过来,说:"好,一辈子……"话还未完,他已一把拥她入怀。

此后,她亦如他所愿,先借他1年做女朋友,又借他2年做老婆,随后又借给他做他们孩子的妈妈……小日子过得幸福且平静。她总是会想起那个晚上,想起月光下一本正经的他,想起便会止不住地捧腹大笑。有一天,她对他说:"普天之下,恐怕只有你一个男人的老婆是借来的。"

他不说话,只是乐呵呵地冲她笑。

有时候孩子哭闹,她会生气地抱怨:"我是你'租'的,女友、老婆、孩子他妈的角色都扮演完了，是时候该退租了吧！"

他学着电影《霸王别姬》中程蝶衣的腔调，说："不行，说好的要一辈子！差一年、一月、一天、一个时辰，都不算一辈子！"她看着他有些慌张的样子，眼眶中顿时浸满了泪水！

冷漠的爱人，谢谢你曾经看轻我

> 主持人："在你小时候……你说你是个丑女，打扮也很丑，和现在的你简直有天壤之别，是什么让你有了这么大的改变？"
>
> 小水："因为，我爱上了一个人。"
>
> ——《初恋这件小事》台词

年少时，她就喜欢他。他们住在同一所小区的同一栋楼，他在 18 楼，她在 17 楼。她总是傻傻地站在阳台上，昂着头，希望他能出现在自己的视线里。偶尔看到，哪怕是他的影子，她都会兴奋得手舞足蹈。

有时，看到他在院落里玩耍，她便会借故下楼，黏着他，追着他。那时，他是个毛头小子，她是个人人都讨厌的丑小鸭：皮肤黝黑，稀疏、发黄的头发总是毛毛糙糙。对于她的主动示好，他总是很不屑。院里的樱花开了又落，可她的心始终如竹子一般一直青着。她把家里的玩具全部拿出来给他玩，他会把它们都狠狠地摔在地上，还与其他的孩子一起欺侮她。但她毫不放在心上，仍然跟屁虫似的缠着他、冲他笑。

他考上了市里最好的高中，篮球打得也好，是众人眼中的骄傲。她长得不漂亮，学习也不好，在一所普通中学就读。她把心思都用来讨好他。她在学校省吃俭用，攒下一笔零用钱给他买各种学习用品和参考书。他的父亲生病，她就跑到楼上去照顾，端茶倒水，聊天说笑。那时，她就期望有一天可以成为他的妻子。

他对她做的一切都不放在眼里，因为在骨子里他就看不起她的不起眼和灰暗。他的志向在远方，他愤怒地赶她出家门，大声地向她叫喊："我永远都不会喜欢你。"

那金子般的热泪，顺着脸颊落下，狠狠地砸在地上。从此，她再也没有找过他。

后来，他考上了大学，顺利地毕业，留在了京城，娶了漂亮的女人，生了可爱的儿子，他觉得这才是他要的人生。几年后，因为工作调动，妻子忍受不了两地分居的寂寞，终于离开了他。恍惚间，20年岁月就那样过去了。或许，谁都会以为，当年的那个丑小鸭和他再也没有任何瓜葛了。一个是一家知名外企的高管，一个是嫁给他人的丑陋的妇人。一个人寂寞时，他便会想起年少时的荒唐，那些粗暴的行为一定把她伤得很透。

偶然的机会，极其偶然，他在一家大型商场买东西时，远远地看到一个漂亮的女人冲他笑，走上来和他打招呼。他莫名地惊诧，原来是她。她已不是当年的丑小鸭，温婉、知性、浑身散发着都市女人的自信气质。是的，她并没有成为别人的丑陋妇人。当年的羞耻，让她发愤图强，使她发誓总有一天要以一个高傲的姿态出现在他的面前。

他激发了她身上最大的能量。他在京城工作的时候,她考上了这里的一所著名大学;他在外企工作的时候,她在一所中学做老师;他被调往另一个城市的时候,她又通过进修,考上了研究生;他重回京城时,她已经在一家研究所工作。如今,她已经和他在同一条起跑线上了。她的眼光落在他沧桑、疲倦的脸上,那一瞬间,她明白,他已经不是她曾经深爱的他了。现在,她的心里装满了更多新鲜美好的东西。

看着他远去且有些佝偻的身影,她在心里对他说:冷漠的爱人,谢谢你曾经看轻我,让我如此奋发,成为今日最好的自己!

我的父亲和母亲

> 就读于浙江大学的法国女子李丹妮和中国学生袁迪宝相恋，但袁已婚。
> 1956年，李丹妮伤痛中离开了中国。最初还通信，慢慢就断了来往。
> 几年前，袁在儿女的劝导下，就试着给李丹妮写信。
> 她奇迹般地竟然回复了。
> 9月两人重逢并结婚，
> 83岁的她第一次穿上了婚纱。
> ——我们费尽心思只为了证明:
> 爱，它确实存在!

他是个大大咧咧的北方男人，对人总是吆三喝四，火爆脾气，做什么事都火急火燎的，恨不得能一下子就把所有活都干完。她是个温婉、平和的女人，做什么事都慢吞吞的。这样的一对夫妻在一起过起生活来，很不和谐，总是矛盾重重。

他很大男子主义，又是一家之主，总把自己的话当圣旨，命令一下，全家人必须得听，包括她。第二天要下地种小麦，头天晚上，他便对她吆喝：明天早起做饭，别误了事。她只听着，从不搭话。

第二天刚蒙蒙亮，她便起床。刷锅，生火、烧水、洗菜、做饭。他早早地准备好麦种，套上牲口，一切准备就绪。饭还没做好，他便生气，在院子里生气发火："磨磨蹭蹭干什么，太阳都快出来了，还没做好！"她任凭他发脾气，从不搭理，只管忙自己的。一会儿，她把熬好的粥和炒好的菜端到上房屋，自己只拿着碗到院子里吃。吵架没了对手，他经常唱独角戏，渐渐地，也感到没意思了，就不再冲她嚷嚷。

在家里，只要有稍不顺他意的事，他就发火：孩子不听话，就会骂一通；成绩不好，也会训一顿；她做了不尽意的事，也会冲她大叫。一天不发火，他就好像缺点什么似的。她总是唯唯诺诺，很是顺从于他，像一堆可以随意摆布的棉花，让他的暴脾气消于无形。

有时候，脾气上来了，他无处发泄，看见牲口不吃草，就会拿着工具到牲口棚把牛训一顿。看着他面红耳赤，怒气冲冲的样子，她总是躲在角落里偷笑，被他看见，又会冲她嚷嚷一通。但无论他发多大的火，都不会对她动手。他说，对女人动手的男人不能称为人。

他是家里的顶梁柱，什么事都得他出手。他什么都会干，唯独不会下厨房做饭。他一直坚持厨房应该是女人待的地方。他的饮食起居都由她来打理。早晨必要喝两个滚水烫鸡蛋，补充营养。他觉得自己得健健康康的，否则，谁来养活这一大家子。

30年过去了，她觉得自己能为他做一辈子的饭。可是人生无常，在一次体检中，她被查出患了胃癌。那段时间，他像丢了魂似的，不知所措，忧心忡忡，再也没对谁发过脾气。夜里，总能听到他的叹息声。白天，他也没再喝过滚水烫鸡蛋，早晨一大早起来，会把鸡蛋煮了给她吃，她第一次感觉，这个大大咧咧、粗犷的大男人原本是如此脆弱。好在手术进行得很顺利，但祸不单行，她又患了白内障，眼睛模糊了，直到仅能看到一些光亮。出院后，她几次下厨房，饭没做好，却把锅碗瓢盆弄得一团糟，她意识到，以后再也无法照顾他了。她开始担心：几十年没做过饭的他该怎么办？就连孩子也担心，这个顶梁柱该如何撑起这个家？

谁也不曾想到，她被照料得很周全。人到老年，他却进了厨房，开始学起了厨艺。他先从最简单的饭菜开始做：熬粥、下面条，再到炒各种各样的菜，一样一样地摸索着学。他还向村里的医生咨询，她的身体需要什么营养，他就做什么。每次都做得对她的胃口，把饭菜端上桌，招呼全家人吃饭的时候，他会高兴得像个孩子。有时候，他下地干活回家，她看他很疲倦的样子要进厨房，他却赶忙上前，只让她在身边指点。看着他忙碌的影子，她的眼泪直流。

他是我的父亲，她是我的母亲。两人如今都已到古稀之年。后来，我到距离老家较远的省城上了大学，父亲仍旧悉心照料着母亲。我毕业了，找了工作，就对父亲说："您这么大年纪了，我帮您找个保姆来帮忙。"他说："不行，你母亲都照顾我大半辈子了，剩下的时日该是我回报她的时候。"

父亲一辈子都没对母亲说过一句甜心的话，做过一个浪漫惊喜的动作，从未刻意用玫瑰花、巧克力、送热吻讨好过她，却在她最沮丧、艰难的时候，安静地守候在她身边。

在母亲眼里,那份朴实淡然的幸福足以比得上 999 朵玫瑰的浪漫。

真爱,不需要山盟海誓,不需要甜言蜜语,它住在彼此的灵魂里,亘古绵长,入骨入髓……

他不是我的，从来就不是

> 我要用我自己的钱，
> 买我自己的包包，
> 装我自己的故事。
>
> ——《我可能不会爱你》台词

1

她是一个普通的女人，长相、打扮是那种在大街上随处可见的妇人。而他则是某家文化公司的总裁，拥有上千万资产。外人看来，这种身份上的悬殊足可以使他们的婚姻出现问题。可结婚十几年，她从未担心过会失去他，反倒是他唯恐失去她，总是费尽心机地讨好她。他白手起家，她是他精神上的支柱。

他们是在大学相恋的，毕业后，同到南方一家公司做没有底薪的推销员。他们不像别的夫妻那样拼命地攒钱买房、购车。只要手头有钱，他们就一定会拿去参加各种学习培训，听各类课程。有一次，一次美国的大师讲高效沟通，听完课出来，他们发现口袋空空如也，连搭公交车的钱也没有，两人相视一笑，便步行往回走。

积极学习，努力上进，使他们的沟通能力得到迅速提升。良好的沟通能力又使他们在客户群中左右逢源，别人拿不下来的单子，他们一出马即可达成。第二年，她就成了那家公司的业务总监，收入上万。他则成立了自己的公司，双方事业稳步上升。

当他们手上有20多万存款时，他们直接拿出来去新加坡、美国等一些国家去听各种大师的讲座。那些年，他们经常破产，却从未贫穷。一边工作一边提升的过程不仅使他们迅速地成长，而且也使两人的关系更为融洽，他们围绕着新鲜话题能聊得通宵未眠。

共同成长、进步，使他们能够经常产生共鸣，能在同一频率上共舞精彩人生。夫妻关系，如果不能产生共鸣，就很难维持。一方在超越，另一方依然在原地踏步，两人没有了话题，没有了共同语言，这样的婚姻一定不会长久，即便没离婚也是名存实亡。

2

四年后，他的企业越做越大，分公司遍布世界各地，工作上的忙碌使他每三四个月才回一次家。多数女人在丈夫长时间不在家，又疏于联系时，会感到寂寞、孤独，而她则把一个人的生活打理得有声有色。

她一个人在家里，会买些菜谱，做各种各样的美食，请朋友过来享用。还与一些家庭主妇切磋厨艺，分享各种美味。有时候，她会一个人安静地看书、晒太阳。

　　同时，她有诸多优秀的男性朋友，有企业家、文化精英、社会名流，她经常约这些人一起喝茶聊天。一些已婚女人如果这样，心中难免会升腾起罪恶感，而她却很坦然。在与这些雅致、有情趣、有内涵的人在聊天的过程中，总能收获一些意想不到的彻悟、智慧和灵气。她觉得，这些优秀人士就像是肥沃的土壤，能够滋养自己的灵魂。

　　有时，她还经常一个人背着包，到各个地方去旅游。她拿着地图，想到哪儿就到哪儿，语言不通，人生地不熟，她都不怕。在这个过程中，她看了许许多多有意思的人和事。

　　一次，她只身在泰国旅行，路过当地的人正在建寺庙，据说是义务劳动，她二话没说，跟着一群义工走上晃动的木头脚手台，一趟又一趟地在那里背了两天石头；她在马来西亚，结识了一位华人朋友，带她游遍了当地好玩的地方；她游遍整个欧洲，把所感所悟写成文字，再插上拍来的精美照片结集出版；她在西班牙，与一位渔民夫妇一起捕捞，在海上共度三天三夜。旅游丰富了她的生活，已经成为她体验生命的另一种方式。每当她眉飞色舞地向朋友讲述她的旅行故事时，完全可以用俏皮、活泼来形容她。

3

　　丰富的个人生活，使她根本无暇顾及他。他年轻帅气，风趣幽默，有风度，有涵养，再加事业有成，周围自然有各种女人围着他转，收到漂亮女人发来的暧昧短信是常有的事。周围的朋友调侃道："对如此优秀的老公放任不管,不怕有一天他被别的女人抢走吗？"她则笑着回家："他本不是'我的',从来就不是,他是他自己的。"

事实上,在夫妻关系中,一旦认定对方属于自己,就很容易失去对他的尊重和礼貌。随之而来的便是会告诉他,他该去做什么,该如何去做,甚至还会要求对方听从自己的指挥。只要你认定对方对你的付出是理所当然的,那么,这样的婚姻就一定不会维持得太过长久,因为没有人喜欢被人控制。她曾经对朋友说："如果他一生都爱我,我当然会高兴；如果有一天,他要和我分开,我也应该高兴,我也不愿意同一个不爱我的人生活在一起。"

有一次,一位长相漂亮且能干的职业女性向她发起挑战,打电话直截了当地说："我已经爱上了你的丈夫。"其他女人听到这句话可能会气得捶胸顿足,而她却笑着说："谢谢你欣赏他,他的确很优秀。"他晚上回家时,她一把上去搂住他说："老公,你真有魅力,有个女人打电话来说,她爱上你了。"她压根儿没把这当一回事儿。

4

转眼间,他们的婚姻已经持续 10 年了,他们依旧恩爱如初。周围的一些女人都羡慕地对她说："你真幸运,能找到如此好的老公！"而她则毫不谦虚地笑着说："总归是他幸运,能娶到我如此通情达理的优秀女人。"多数女人结婚,都是为了找个男人来依靠,而她则说,结婚是为了找个男人来与我一同分享,使自己的人生更为完整。

其实，她的完整像钻石一般使他的事业熠熠生辉。他只要在事业上遇到困难，就会打电话给她。她则以旁观者的身份三言两语就把事情分析透彻，迅速让他找到解决的办法或策略。他事业虽然干得不错，但很讨厌社交。但是在一些社交场合，往往能结交到有价值的商业伙伴。对此，她则充当了老公的"外交官"，经常去参加各种各样的社交活动，看到可以与丈夫合作的人物，她则会积极争取，想方设法使对方对老公产生好感。他的很多商业伙伴都是她找来的，可以说，他事业的成功与她是密不可分的。

一次，他有一笔大的业务谈不下来，她就组织了一次酒会，邀请对方来参加。酒会上，她极自然地引领他畅谈他最为擅长的话题，并不停地在一边推波助澜。她把自己隐藏起来，让丈夫脱颖而出。这让客户意外地发现了他的潜力，便很顺利地与他达成了合作协议。

谈起妻子，他从来不掩饰他的骄傲，他说这一辈子正是有了她他才能飞得如此之远，才能拥有今天所有一切成就。拼搏中的艰苦，有时候会像绳子一样将他的心牢牢地捆绑，而只要与她在一起，他就会有从绳索中飞出来的、轻松自在的感觉。

5

对于这样一个虽无惊人容貌但能量十足的女人，没有男人爱慕也是不可能的。即便已有家庭，但仍旧有优秀的男士从欧洲飞过来，只为能亲手送给她一束玫瑰。她一个人在咖啡厅，有陌生男士欣赏她，为她埋单，并请求服务员向她索要联系方式；去参加宴会，有男士与她攀谈几分钟后便向人打探她的情况，得知她已婚后，悲伤无比。十几年，他为事业在国内外四处奔波，两地分居使他很担心有一天她会被别的男人抢走。多少年来，她已经成为他生命中不可分割的一部分，如果失去她，他不知道之后的人生该怎样度过。

一个周末，他在北京忙业务，突然很想她，便拨她的手机号，无人接听，接着又打家里的电话，仍旧无人接听，他突然有一种从未有过的惊慌和无助。中午，他再也按捺不住，临时买了飞机票飞回家，发现她刚回家，满脸的水彩，看到他便微笑着迎上去，向他展示自己的杰作：那是一幅浓墨重彩的油画，挂在卧室里果真很不错。

因为她从不担心有一天他会离开自己，这反倒使他变得唯恐失去她；她并非小鸟依人般地依赖他，他反倒想黏着她，与她相依相守。

如今，他越来越成功，事业也越做越好，而他则越来越觉得离不开她。时间可以让多数人的婚姻越走越淡，也可以让另一些人的婚姻越走越甜蜜，而要做到这一点，是需要大智慧的。

水梨

到南美洲考察的科学家在风雪中经常看到成千上万
的企鹅面朝着同一个方向站立。
是什么原因使它们能如此整齐地朝同一个方向呢?
细细观察后,
考察队员们终于发现,
每一只大企鹅的前面,
都有着一团毛茸茸的小东西。
原来它们是一群伟大的母亲,
守着小小的孩子,
因为自己的腹部太圆,
无法俯身为小企鹅挡风雪,
便只好以自己的身体遮挡刺骨的寒风。

孩子，我永远都是爱着你的

> 当母亲逝世时，
> 我身心交瘁，
> 简直要垮掉，
> 我几乎不知道如何生活下去。
>
> ——希思（英国前首相）

凌晨五点钟，那间小屋里的灯光会准时亮起来。他知道她已经起床了。刚起来，她便开始嘟囔常用的那支红色铅笔不见了，他从一个小盒子里拿出来递给她。她不要，说那不是她的。之后，他便骑自行车到集市买菜，走之前，会到厨房把刀具藏得严严实实。

从市场回来，他开始煮荷包蛋，火候他把握得很好，太老、太嫩她都不吃。最后，他打一盆热水，仔细地为她擦脸、洗手。他是送货工，白天总是忙碌。她一个人在家，总会到附近的垃圾箱把别人丢弃的废瓶子、旧箱子捡回家。他已经提醒过她很多次，那些垃圾太脏，不要再往家里拿。她总是点头答应，但不到半天便忘记。

那天，他决定把心仪的姑娘带回家，早上他把家里收拾得干干净净，顺手还将家里的垃圾全部都扔掉。当中午他带着姑娘到家时，却发现，她又将那些垃圾捡了回去。姑娘见家里到处都是废瓶子、旧箱子，没留下来吃饭。他那天很生气，叫道："我说过多少次了，不要把这些东西往家带！"她站在他面前低着头不说话，不停地搓着手，像犯了错的孩子。

半年后，没有任何的预兆，她一觉睡下去再也没有醒过来。

他独自坐在床沿边，几天都没说话。后来，在收拾东西时，他在枕套中找到一个本子，上面每一页都写着几句话，是她的笔迹："孩子，以后别给我煮鸡蛋了，你工作辛苦，就多吃！"

"孩子，看着你每天早出晚归，很辛苦的样子，很是对不起你！"

"孩子，我永远都是爱着你的！"
……

"孩子，我每天捡废品攒了点钱，都放在枕套里面了。"

他打开枕套，里面全是一些小票和硬币：1毛、5毛、1元，共是62元零3毛。

她患了间歇性老年痴呆症，最终的阶段，每天仅有半个小时是清醒的。在这段时间里，她会戴着老花镜，握着铅笔，跟儿子说几句心里话。她每天习惯性地去捡废品，只为了能给儿子多攒些钱。

他一页一页地翻看那些文字，泪水夺眶而出！

假如痛苦能转移

> 妈妈活久一点，能容忍这一切，不就好。
>
> ——电影《婚纱》台词

"女士，您好，听说你们这里能转移痛苦，是真的吗？"

"外面的广告牌上不是写得很清楚吗？"接待的女士很不客气，语气中满是傲慢。这也难怪，全世界仅此一地可办理此业务。

她又怯生生地问："你们的业务具体是怎么办理的？"

"这里的业务主要有两种：第一种，你可以将你当下的痛苦暂时储存起来，然后在你认为最合适的时候将它取走，零存整取或整存零取都可以。而且你必须保证要在生前全部都取走，否则，将会强制你周围的亲人去为你承担；第二种，你可以将你的痛苦全部都转移到另一个人身上，由他帮你承担，前提就是他必须乐意接收。"前台接待的女士熟练地为她介绍着，最后问道："请问你想办理哪一种？"

"我想办第二种……痛苦转移。爸爸很早就不在了，我从小与妈妈相依为命，经过多年的努力和奋斗，我终于有了现在的幸福生活。可是，最近，我被查出患了不治之症。我妈妈一直都有抑郁症，精神很不好，而且还有很严重的哮喘病，经常胸闷气喘，随时都有生命危险……我想现在趁她还健在，将妈妈的痛苦都转移到我身上。这样，就算我走了，也安心了。"说完，她便叹了一口气。

办理好手续后，她迈着轻快的步子回了家。妈妈正在厨房烧饭，她看着她有些佝偻的背影，想到自己即将离去，泪水忍不住掉了下来。她不知道该如何对她说。妈妈在吃饭的时候，也一副魂不守舍的样子，好像有什么话要出口，却什么也没说。

吃完饭，她终于说："妈，城新区开了一家医院，设备都是进口的，很先进，听说还有专门治疗哮喘的科室，要不我明天陪你去看看病，我自己也顺便检查一下！"她知道妈妈不识字，没有说实话，怕她不同意。

妈妈什么也没问，只是平静地向她微笑着点点头。

第二天，母女俩一起被接待人员热情地带进了"痛苦转移中心"，门被关上了，在灰暗模糊的光亮中，几个身穿白大褂的人正在忙碌着，她平静地躺在工作台上，静静地看着妈妈，妈妈也在安静地看着她，眼中满是泪水。她慢慢地闭上眼睛，心里默默地祈祷："妈，我走了，您一定要好好地生活。"

突然，她一身的轻松，身上的所有疼痛和心里的痛苦全部都消逝了。她起身去看妈妈，她见她正躺在工作台上奄奄一息，用微弱的气息叫着她的名字。

她猛然间明白了，惊叫着扑向妈妈的躯体。她愤怒地吼叫道："为什么会这样？"

"女士，我们答应了你母亲，要为她保守秘密。其实你妈妈早在一个月前就先于你来到这儿办了痛苦转移手续，要我们将你身上的痛苦全部都转移到她身上。"工作人员轻轻地说着，眼泪也止不住地流了下来。

请深信：假如痛苦能够转移，全天下的母亲都会做类似的事情！

原来，母爱是一种病

> 世上若没有女人，
> 这世界至少失去十分之五的真，
> 十分之六的善，
> 十分之七的美。
>
> ——冰心

小时候，我曾经对母亲甚是反感。

中学时，每天在耳旁唠唠叨叨自不用说，让我最无法忍受的，是母亲的固执，那种让她无法从别人身上看见自己的固执，真的很让人头疼和气愤。

高考的前三个月，精神高度紧张的我患了失眠症，彻夜彻夜地睡不着觉。去看了很多医生，经调理、吃药都无效。母亲便四处打听医治此病的药方。最后不知从谁那里听说偏方可以治失眠症，便开始四处向人讨要偏方，并经常跑大老远弄回一些奇怪的东西熬成药，自己先试验，灵验了，便让我吃。这让我极为反感，每次吃药就像是上刑般难受。可无论我如何反抗，母亲都会强逼着我吃下去。有时候，我会愤怒地冲她大吼："你有病吧!"母亲听罢,勃然大怒:"是你有病!不然,我用四处求人为你讨要偏方吗?"

好在两个月后,失眠症被治愈,也不知道是哪个偏方药起的作用,反正母亲就认定自己的做法是对的。

母亲是挺精明的人,她做了几十年的会计工作,不管是账目还是人情往来,只要她出马,必定办得妥妥帖帖。可一到自己女儿身上,就变得糊涂的要命。她不明白女儿在想什么,喜欢做什么,总是想让我屈从于她的理念。有一次,她不知道哪根神经搭错了,便认定我与班级中的一名男同学谈恋爱。为此,她居然到了学校找到了那位男同学。从此之后,那位关系不错的男同学再也没和我说过一句话。我得知情况后,狠狠地与母亲大吵了一架,好几天不曾搭理她。

高考结束,填报志愿时,我故意报了离家极远的一所大学。最终,如愿以偿。母亲高兴得像个孩子。送我上学,在火车站的站台上,母亲千万遍地对我唠叨个没完,末了,在火车移动时,母亲却忍不住掉了眼泪。而我看着母亲渐行渐远的身影高兴极了,觉得自己终于可以重获自由。

可是,到学校后,母亲的电话总是不分时间地打过来,不由分说地乱问一通,烦得我不行。那时候,我性格耿直,说话很冲,所以总和宿舍里的人发生这样或那样的冲突。母亲不知从我的哪句话中听出了口风。一周后,她便独自坐了两天的火车到了学校,背着大包小包的东西,有超市购得的零食以及家乡的土特产,分给宿舍的室友,算是帮我缓解人际关系。

大四那年,我与相恋两年的男友分手,母亲又从室友那里打探来了消息，便在电话里对我的事情刨根问底，我气得不行，直接挂断电话，把她的号码拉黑两周，只图个耳边清静。

那天下午，整个北方都在下雪。我正在语音教室上课，不经意间向窗外望去，看到一个"雪人"，体形像极了母亲。我心里一震，赶忙走出教室，果然是母亲！她头上、身上已经湿了，脚冻得红肿，那双棉鞋已经能挤出水来了。那一刻，我很感动，我猜母亲一定是担心我失恋后的精神状态，所以才赶往学校。但她找出的理由却让我哭笑不得："上上周，一个陌生号码借你的口吻发短信说，你的手机和钱包全都丢了，让我往一个账号里给你汇些钱。我想应该是骗人的，于是就开始打你电话，一连几天都是关机，我觉得为了安全还是亲自来见你一面的好！"我惊讶地问："你汇钱了吗？"母亲笑着说："我哪有那么傻，喏，钱在这里呢，给你带来了，给你！"看到她从贴身的棉衣的里子里掏出带着体温的一沓钱，我的眼泪立即就流下来了。她说："这些日子受委屈了吧，走，我带你出去吃点好的！"

我转身擦掉眼泪，跟着母亲出去了。自从那件事后，无论母亲再对我做什么，啰唆什么，我对她都没那么反感了，反而觉得幸福！

如今，我已经工作十几年，在另一个城市成了家，有了自己的孩子！8岁的女儿是个叛逆的小淘气，小小年纪总爱跟我顶嘴。有一天，她跟同学发生了争执，回到家里，我教育她，她很不服气地跟我争吵。最终，她对我吼道："妈妈，你真有病！什么事都要管！"那一瞬间，我很想哭，想到了自己的远方也有一个有病的老妈。忽然间，我明白，全天下的母亲都是有病的，那种对儿女无休止的爱和担忧，永远是她们心头的病！

老妈的专属"节日"

> 我希望能争气。
> 让妈妈不会挤眼泪，
> 不会有更年期。
>
> ——《麦兜响当当》台词

老妈从乡下老家到北京，先坐十公里的汽车到县城，再坐50公里的汽车到市里，再坐一个晚上的火车，折腾一天一夜，其实就为了给我送一袋小米。

她到北京西站的时候，满脸的倦容和疲惫，我明白她买的是硬座票，一夜未眠。我埋怨："怎么不买卧铺！"她则说："只是一晚上的事，没什么大不了的！"我接过她手中提的东西，她笑着说："这是今年新下来的小米，带给你们尝尝。"老公见了只笑着说："谢谢妈。"

晚饭的粥是老妈带来的新米煮的。"哇，还真香！"老公对妈说："这米可比我们买的超市里的好吃多了。"老妈开心地笑了："咱家自个儿种的，还能差？"

晚上，老公对我说："妈也真是的，大老远来，就为了送一袋米。"我说："这是我妈的一番心意，她知道我从小就有胃病，小米能养胃。"

老公感动地说："妈真好！"

妈妈在这里住着很不习惯，没到几天，她就买票回老家了。

一个月后，老妈又来了，折腾了一天一夜，又送来一袋小米和一大壶菜籽油，她说："我在电视里看城里竟然有人卖地沟油，还是自家的菜籽油放心。"老公说："妈，我们吃的是大超市的油，人家信誉有保证呢，没有那么不靠谱。"

妈只是笑了笑。

晚上吃过饭，老公进卧室，说："你跟妈说说，以后别送这些来了，来回车费二百多块，你也不算算，这么一折腾，多花钱了不说，人都那么大年纪了，累出病来怎么办。"我笑着说："你以为妈和你一样懂经济，会算计，懂得成本核算啊！"

晚饭时，我对老妈说："您以后别送这些了，超市里的米和油都很便宜。这大老远的，关键是把你累出病来了，不值！"老妈默不作声，只是埋头喝粥，老公则在旁边挤眉弄眼朝我笑。

晚上，和老妈一起睡，听老妈给我讲家里发生的一切有趣的事。她和我讲这些，其实只是为了让我回家多看看。

第二天一早，她便说要走。我很无助，劝她："刚来就要走，您难道就是为了给我们送一袋小米和一壶油吗？"妈脸上的笑没了，一脸难色。她说："你不晓得，你们姐弟几个都在外，一年就回家一次，就待三五天。在有空儿时，我每天都站在村口，期盼着有汽车能停下来，你们能从车上下来。其实，妈真的是想你们啊！我知道车费不能白花，但乡下也没稀罕东西，只好带些米免得你们买。再说，你从小就有胃病，这小米得经常吃……没想到，我会闹得你们不开心！"

老妈的声音哽咽了，我的眼泪也跟着流了下来。

晚上，我给老公讲老家的故事，讲老妈的故事。

老公也哭了，哭得很伤心，他搂着我，轻轻地说："明天我们就请几天假和妈一起回家吧！"

从此之后，每逢大小节日，我和老公便会回老家。

一次母亲节，和老妈通电话，告诉她说："今天母亲节，是您的专属节日。"

老妈却说："不是，你们回家的每一天，才是独属于我的节日。"

我听罢，眼泪止不住又一次掉了下来……

请相信：无论她做什么，都是深爱你的

> 莫伤我心啊，孩子！虽然，怎么样的刺痛我都会原谅你！妇人说完，才发现，她的已经不在了的母亲，也曾经对她说过同样的话。风疾云低，那满山的颤抖着的树木，有谁能够知道，在一回首之间，是隔着怎么样的刺痛，怎么样的无限荒凉辽阔的距离！
>
> ——席慕容《母亲》

1

他长得帅气，有诸多女生喜欢。而他总喜欢把不同的女孩带回家给她看，让她评论她们的长相，说她们给她的第一印象。每次，她看都不看就夸赞一番。

时间久了，他觉得她并不爱他。渐渐地对她开始冷淡。从此，他也很少回家，后来干脆就直接搬了出去。直到她去世的时候，他连看她都不想去，他说她或许不想看到他。

他的一位邻居冲他大吼：“你妈的视网膜在你7岁那年就给了你，怎么看你带回来的女孩？”

就这一句话，他十几年的怨恨都化成了泪水。

请相信：无论她做什么，都是深爱着你的！

2

一年盛夏，天气正酷热，一位母亲在街边支着油锅卖油条，5岁的孩子在旁边玩耍。突然，孩子在奔跑时不小心撞倒了滚烫的油锅。就在锅里的油倾洒的那一刻，她用自己的身体挡住了滚烫的油，孩子仅一只脚被烫伤，而她的半边脸却破了相。

此后，丈夫对她渐生嫌弃之意，她自己也陷于无尽的痛苦之中。看着这个女人，一位邻居冲她的丈夫嚷："她是最伟大、最美丽的女人！"

3

一位14岁的女孩与母亲在感情上有了裂痕，她一直对母亲的卑微身份很在意，她觉得正是有了这样一位妈妈，才使她在众人面前抬不起头。母亲终日忙碌辛苦，也不能使女儿快乐起来。

在一年冬天，母亲便邀女儿去阿尔卑斯山去滑雪。母女俩在滑雪途中，因为缺乏经验偏离滑雪道而迷路，同时她们又遭遇了可怕的雪崩。母女俩在雪中不断地挣扎了两天两夜，几次看见前来搜寻她们的直升机，都因为她们身穿的是银灰色的滑雪装而未被发现。终于，女儿因体力不支昏迷过去。醒来的时候女儿发现自己躺在医院，而母亲却不在人世了。医生告诉她，是母亲用生命救了她。原来，母亲割断自己的动脉在雪地里爬行，用自己的鲜血染红一片白雪。直升机因此发现了目标。

4

有一个极度缺水的沙漠。生活在这里的人，每人每天的用水量都严格地限定为三斤，这还是靠驻军从很远的地方运来。每人仅仅只有3斤水，日常的饮水、洗漱、洗菜、洗衣，包括牲口，全部都依赖它。

人缺水不行，牲口也是如此，渴啊！终于有一天，一头一向被人们被定为憨厚、忠诚的老牛渴极了，挣脱缰绳，强行闯入沙漠中唯一的也是运水车必经的路。终于，运水的军车来了，老牛以不可抗拒的识别力，迅速地冲上了公路，军车一个急刹车。老牛沉默地立在车前，任凭驾驶员呵斥驱赶，始终不肯挪移半步。五分钟过去了，双方仍然僵持着。

运水的战士以前也碰到过动物拦路索水的情形，但它们都不像这头牛这般倔强。人和牛就这样耗着，最后造成了堵车，后面的司机开始骂骂咧咧，性急的甚至试图强行驱赶，可老牛不为所动。

后来，牛主人来了，恼羞成怒的主人扬起长鞭狠狠地抽打在瘦骨嶙峋的牛背上，老牛被打得皮开肉绽、哀声叫唤，但还是不肯让开。鲜血沁了出来，染红了鞭子，老牛的凄厉哞叫，和着沙漠中阴冷的狂风，显得分外悲壮。一旁的运水战士哭了，骂骂咧咧的司机也哭了。最后，运水的战士说："就让我违反一次队规吧，我愿意接受一次处分。"他从水车上取出半盆水——正好三斤左右，放在老牛面前。

出人意料的是，老牛没有喝以死抗争得到的水，而是对着夕阳仰天长啸，似乎在呼唤什么。不远的沙堆背后跑来一头小牛，受伤的老牛慈爱地看着小牛贪婪地喝完水，伸出舌头舔小牛的眼睛，小牛也舔了舔老牛的眼睛，沉寂中的人们看到了母子眼中的泪水。

没等主人吆喝，在寂静无语中，它们掉转头，慢慢往回走。

5

在那个贫困的年代里，很多同学家里往往连给孩子带个像样的便当的能力都没有，我邻座的同学就是如此。他的饭菜永远是黑黑的豆豉，我的便当却经常装着火腿和荷包蛋，两者有着天壤之别。

而且这个同学，每次都会先从便当里捡出头发之后，再若无其事地吃他的便当。这个令人浑身不舒服的发现一直持续着。

"可见他妈妈有多邋遢，竟然每天的饭里都有头发。"同学们私底下议论着。为了顾及同学的自尊，又不能表现出来，总觉得他好脏，因此对这位同学的印象也开始大打折扣。

有一天学校放学之后，那位同学叫住了我："如果没什么事就去我家玩吧。"虽然心中不太愿意，不过自从同班以来，他还是第一次开口邀请我到家里玩，所以我不好意思拒绝他。

"妈，我带朋友来了。"听到同学兴奋的声音之后，房门打开了。

他年迈的母亲出现在门口。

"我儿子的朋友来啦，让我看看。"但是的同学母亲是用手摸着房门外的梁柱走出房门，原来她是双目失明的盲人。

柠檬

杯子寂寞，被倒进开水，
滚烫的感觉，这就是恋爱的感觉。
水变温了，杯子很舒服，这就是生活的感觉。
水变凉了，杯子害怕，也许这就是失去的感觉。
水彻底地凉去，杯子难受，把水倒出去。
杯子舒服了，但不小心掉在地上，
摔成一片一片的，
发现每一片上都有水的痕迹，
才知道心里还爱着水，
想再爱一次，却不可能了。

总有一片情，会让你泪流满面

> 一个男孩爱上了一位失明的女孩，
> 男孩向她求婚，
> 她说："等我眼睛好了，我一定嫁给你。"男孩无语。
> 很快，女孩可以移植新的角膜了，很快地恢复了视力，
> 但她发现男孩也是失明的。
> 男孩又向她求婚，女孩拒绝了，
> 最后男孩只说了一句话："take care of my eyes。"（照顾好我的眼睛）

结婚后，她一直给他做洋葱吃：洋葱肉丝、洋葱焖鱼、香菇洋葱丝汤、洋葱鸡蛋盒子……因为她第一次去他家，他母亲拉着她的手，和善地告诉她———虽然他从不挑食，但从小最爱吃的是洋葱。

她是图书管理员，有足够的时间去费心思做一款香浓的洋葱配菜，但他却总是淡淡的。母亲为他守寡近 20 年，他疯狂爱着的女子母亲却不喜欢，他对她的选择与其说爱，不如说是对自己孝心的成全。

她似乎并没有什么察觉，百合花一样安静地操持着家，对母亲的照顾比他还上心，妥帖周到。婚后的第四年，他们有了

一个乖巧可爱的女儿。

平顺的日子一日日复印机一般地掠过，再伤人的折磨也钝了。当初流泪流血的心也一日日地结了痂，只是那伤痕还在，隐隐的，有时半夜醒来还在那里突突地跳。

那天他去北京开学术研讨会，与初恋情人小玉相遇，死去的情爱电石火花般啪啪苏醒。相拥长城，执手故宫，年少的激情重新点燃了一对不再年轻的苦情人。

小玉保养得圆润优雅，比青涩年少时更富丰韵，一双手指玉葱般光滑细嫩。在香山脚下他给她买了当年她爱吃的烤地瓜。她娇嗔地让他给剥开喂到她的嘴里，因为她的手怕烫。七天很快过完，他仍记得她娇艳如花的巧笑，记得她喜欢用银色匙子喝咖啡，记得她喜欢吃一道他从没吃过的甜点提拉米苏。

母亲已经故去，他不想太苛待自己了，每年他都以开会或者公差的名义去北京。妻子单位组织旅游的时候，他甚至还让小玉来过自己的家。他的手机中也曾经爆满火热滚烫的情话，甚至他们的合影曾经被他忘在脱下的上衣口袋里，待了一个多星期……可这一切都幸运地没有被发觉。

平地起风云，妻子突然被查出得了卵巢癌，已经是晚期了。住进医院后，女儿上学需要照顾三餐，成堆的衣服需要清洗，家里乱成一团糟。那次他在家翻找菜谱时，在抽屉里发现了一个带扣的硬壳本子。打开，里面竟然有几根炫红的长发。自结婚以后，妻子一向是贴耳短发。他好奇地看下去，原来这是他和小玉缠绵后留下的，还有那些相片，妻子一直都知道，因为她从来没让他的脏衣服过夜。他背着妻子做的一切，妻子都心如明镜，却故作不见。几乎每页纸上都写着这么一句话：相信他心里是爱着我的，后面是大大的几个叹号。

他心里一片空茫地去医院，握住妻子磨粗的手，问她想吃什么。妻子笑着说，你会做什么菜，去给我买一份鸭血粉丝汤吧。从前，她每天做好了他爱吃的洋葱，熨好了他第二天穿的衬衣，在家等他，二十多年了，他却从来不知道在南方长大的她最爱吃鸭血粉丝汤。

妻子走后，他丢魂一样地站在厨房里为自己做一道洋葱肉丝。他遵照她的嘱咐将洋葱放在水里，然后一片片剥开，眼睛还是辣得直流泪。当他准备在案板上将洋葱切成细丝时，眼睛已经睁不开，热泪直流。他从来不知道那样香浓的洋葱汤，做的过程这么艰难苦涩。7000多个日子，妻子就这样忍着辣为自己做一份洋葱丝，只因为他从小就喜欢吃。

而小玉那双保养得珠圆玉润的手，只肯到西餐店拿匙子吃一份提拉米苏。而当年母亲是怎样洞若观火地明了妻子能给予他的安宁和幸福。傍晚时分，一个站在九楼厨房里的男人拿着一瓣洋葱流泪发呆，他终于知道真正的爱情就像洋葱：一片一片剥下去，总会有一片能让你泪流满面……

失去你会是一辈子的痛

> 我已经把你和我自己融到一起了，
> 没有了往日的激情，
> 但要是失去了会是一辈子的痛。
>
> ——《一生叹息》台词

她从小就钟爱穿白裙子，家里的衣柜里摆满了各式各样厚薄不一的纯白色裙子。

上大学时，宿舍中有六个女孩子，经常会因为两种不同的感情观念而发生争论。她和其他两个女孩坚持：感情大于物质的精神之恋才是最幸福的；另外三个女孩坚持，物质大于感情的婚姻才是最牢靠的。那时候的她，觉得只要一个男孩能给她足够的关心和呵护，就会很满足。大四那年，他走进了她的生活。大学毕业后，她顺利到一家公司做总经理助理，一年后，她与他牵手走进婚姻的殿堂。

从未想到过，她会因为一条白裙子而与他分道扬镳。

婚后，他对她百般疼爱，她觉得他就是她这辈子要一直相守的人。可是，不多久，这种平静就被打破了。作为总经理助理的她经常要陪同总经理参加各种应酬或会谈，每次，她都会穿一条白色的裙装，把她的皮肤衬托得更加透亮、白皙。一次商务洽谈会议结束后，双方代表便一起吃饭，以示庆祝。她的裙子是用质地不好的料子做成的，在双方敬酒时，她从椅子上起身，后面的裙摆就显得皱巴巴的。她很不好意思，每次起身，她都会先用手把身后的裙摆抚平了再站起来。但这一细节还是被坐在她身边的领导发现了。

宴会结束后，总经理将她叫到一旁，说："你今天的打扮很得体，只可惜裙子的质地不太好。你是公司的秘书，代表的是我们公司的形象，是不可以穿那些质地差的服饰来参加这种宴会的。"她听罢，心里很委屈。她是个处处要强的女孩，各方面工作都做得很好，却因为一件衣服受到领导的批评。

为了能在这座城市立足，攒钱买房已经成为他们生活的重心。她的衣服多数是从一些不大正规的商场买来的，只要样式好看，她从不在乎它的价格，觉得自己年轻靓丽，穿什么都好看，但今天的事却让她的自尊心严重受挫。

在家里，她从未给他提及过这件事，只是再上街时，她看着那些专卖店里昂贵的名牌衣服，脸上有些失落。有些时候，大学里那些因为金钱才结婚的室友会给她打电话展示她们富足的生活，她再也不对她们投以不屑和鄙视，反而觉得她们是明智的，因为她们从不会遇到如她那样的尴尬。渐渐地，她开始在心里埋怨他的无能，同他可说的话越来越少。这些变化，他只看在眼里，却默不作声。

一个周末，他们路过一家豪华商场，正好一家女性品牌服饰店正在搞促销，热情的小姐看她一直出神地望着店内挂着的一条白裙子，便拉住了她。那是一条纯米白色的连衣裙，款式简单大方，做工精细，最关键的是料子和质地都很好。刚进店，小姐便力劝让她试穿。她有些不好意思地到试衣间换上了。走到镜子前，看着楚楚动人的自己，她心动了。旁边的小姐在一旁也使劲地夸赞，她几乎要下决心买下来。看她满足的样子，他掏出皮夹问价格，小姐说活动期间打7折，售价2688元。他的手突然僵在了那里。她扭头看到他皮夹里仅有的几百元钞票，立即有一种受伤的感觉。她换掉衣服，急匆匆地抹着眼泪离开了，场面甚是尴尬。他在后面紧追，心里也异常难过。

回到家里，她气急败坏地把柜子里的衣服扔了一地，第一次与他发生了激烈的争吵。就因为那么一条裙子，他们的婚姻走到了尽头。

在他们离婚的当天，他送给她一件礼物。可是，她没有打开便放进了箱包的底层，对他亦无任何留恋。

半年后，她在公司的酒会上结识了一位富商。一年后，她便嫁了他，过上了她想要的理想生活。婚后，她穿的用的，没有一件不是名牌，她的衣柜里摆满了各种各样从质地到做工都是上乘的白裙子，挥霍成了她获得快乐的唯一方法。那个富商对她不怎么在乎，经常早出晚归，多数时候还彻夜不归，他给她的理由永远都是忙工作。直到有一天，她从丈夫的手机里发现了一个女人发来的暧昧短信，才明白了一切。她质问丈夫，丈夫却对她说："你不要太不满足了，安心逛商店刷卡就行了，其他的事情少管。当初嫁给我，不就是想过富足的生活吗？"她顿时明白，自己在丈夫心中只是一个玩偶。她一气之下摔门而去，很快，她没有丝毫留恋地结束了第二段婚姻。

在离家那天，她在整理衣物时，发现了那个被压在箱底的他送的礼物。她拆开包装盒，里面是那天她在商场看上的那条白裙子，还有一个卡片，上面写着：我从没有想过我们会因为一条裙子分开，说起来都怪我太无能。失去你是我今生最大的伤痛，不过，现在说这些亦无意义。我不能给你最好的生活，但愿这条裙子能为你带去好运！

她看着熟悉的字迹，泪在她脸上一行行地滑落下来，一滴滴地落在他送给她的那条裙子上……

那些在贫穷日子里的甜蜜

> 他打动了我,每次都打动了我,
> 这是他造成的唯一伤害,
> 他踩住了我的心,让我哭泣。
>
> ——马克斯·苏萨克《偷书贼》台词

那年冬天,她患了风寒,一天一夜都高烧不退,他就用板车拉着她到县城的诊所就诊。他口袋里没有多少钱,所以不敢到大医院去,只好到一家小诊所去。好说歹说,他翻出衣袋里所有的硬币,医生才给她打了吊瓶,还给开了两剂药。

等她高烧退了一些,他方拉着她往回走。穿过一条小街,向左拐,在一个角落,一阵香喷喷的味道扑鼻而来,街对面是一家小饭店,里面炸油墩子的香味向他飘来。他狠狠地咽了口唾沫,迟疑了几秒钟,停下来,回头问道:"你想吃点什么吗?"

听到他的问话,她有些吃惊,摇摇头说:"不吃,嘴里都是苦的,吃不下。"

她摁了摁布包里的又干又硬的烙饼,说:"这里面还有这么多饼呢,如果饿了,我就吃它。"她很明白,他的口袋里一分钱都没有了，如何去吃油墩子。

他站在那里一动不动地看着她，看到了她的心里去。她有点不好意思地低下了头。那诱人的香味在四周弥漫着，他又不自觉地咽了一口唾沫。

他将板车拉到街边停车处，靠稳，便避开车辆大踏步地向对面的小饭店走去。她有点懵，目光紧追着他那宽阔的身影，看着他站在油锅面前对着店主戳戳点点。她有些羞愧难当，身上一阵阵发麻：他怎么好意思向别人乞讨，在大庭广众之下做这样的事着实让人大失颜面。一会儿，她便看见店主拿两张黄竹纸为她包油墩子，他接过来，笑吟吟地向她跑过来。

他递给她说："赶紧吃，刚出锅的，还热乎着呢！"

她插在上衣布袋里的手，动也不动，扭头便说："不吃，你怎么能向人乞讨呢？"

他有些着急且生气地说："谁说是乞讨来的，是拿我的烟斗换来的。"

她诧异："拿烟斗换来的？以后你不抽烟了？"其实，这个木质烟斗已经用了几十年了，他经常自备一些自己烤制的烟丝，每到饭后，他都会小心翼翼地把烟丝点着，轻轻放在嘴上猛抽几口，然后细细地品味，那动作看上去潇洒十足。那时候，对他来说，抽烟比吃饭重要多了。下地干活，只要一累，他便蹲在地头点一袋烟，就有劲了；饿了，只要吸几口，饥饿感全消。他见她那样诧异的样子，笑道："一时半会儿不抽烟，死不了的。再不济，到家里先用纸卷烟丝吸，照样不耽误事……"

他赶忙把油墩子递给她说道:"快吃,正热乎着呢,香得很呢!"

她说:"你也吃,我们一人一半。"他摆摆手,说:"不,我讨厌吃油腻的东西,你快吃。"

她刚吃了一口,眼泪就掉了下来,鼻涕也跟着往外流,她没擦,怕他看见。他在车头,高兴地说:"香不?"她一脸苦状,便说道:"苦,是苦的。"他差点儿跳起来,叫道:"苦?怎么可能呢?我亲眼看着师傅做出来的?"她抬起头,皱着眉头说:"过来,你尝尝看!"她拿出几个,狠狠地塞到他嘴里,他在嘴里翻腾了一下:"咦,不苦啊,很香很软,还热乎着呢。"

她便递给他说:"我可能刚刚吃过药,吃什么都是苦的!给,你吃吧,别浪费了!"他着急地说:"你身子那么虚,更应该吃!"他拒绝着。突然间,她扑哧一声便笑出了声儿。他,也在顷刻间明白她的心事了。她只是"骗"他吃下那些油墩子呀。

这件小事已经过去 30 多年了,他和她分别是我的父亲和母亲。这个动人的故事,父亲趁母亲不在旁时,曾偷偷给我讲过无数次,母亲趁父亲不在旁时,曾偷偷给我讲过很多遍。只是他们讲述的"版本"有些出入。父亲总是忽略掉他用自己最钟爱的烟斗换油墩子的细节,却一再重申母亲骗他吃油墩子的细节。母亲也总是强调父亲用烟斗换油墩子的细节,却总是丢了她骗父亲吃油墩子的情节。

当爱情只剩下一百步

> 眼睛为你下着雨,心却为你打着伞,这就是爱情。
> ——泰戈尔

我和你背对背开始往前走,我们说好当我们走到第一百步的时候再回头,如果还能看到对方,我们就忘掉以前所有的不快乐,重新开始。如果看不到彼此,就一直走下去,永远不要回头!

当我走出第一步,有一种叫悲哀的东西漫过心底;我们的爱情路只剩下九十九步,我们怎么走到了今天这一步?曾几何时,我们一起在雨中漫步,衣服湿了也不觉得冷;曾几何时,我们在雪天里呼着热气吃冰淇淋,当人们投来惊异的目光时,我们竟哈哈大笑。

我已走过二十步,你呢?我好想回头看看你,看看你是不是一样和我步履维艰?你还记得我吗?你教我学电脑的时候,跟我说过,编程时会遇上一种情况叫"死循环",进去了,就出不来,你说你对我的爱就是死循环,当时我很感动。

我走到五十步时,有个卖烤红薯的老头问我要不要红薯,我摇了摇头,他就推着车子走了。为何他不再多和我讲几句话?那样我便可以停留一会儿,不要再走下去。

八十步已然在我身后,你是否也在想我们前段不愉快的日子?我们为什么要为一点点小事而天天争吵?我总是对着你哭,你便心乱如麻,烦躁不安,然后,我们都无端地说出一些互相伤害的话。终于有一天你对我说:"我们不能再这样下去了,不然都会被折磨死,分开吧。"

九十九步了,我艰难地抬起沉重的脚,迟迟不愿放下。我怕放下脚时,回头再也看不见你;我怕放下脚时,回头将永远失去你;我怕放下脚时,我从此再没有幸福可言。脚终于落下了,泪也顺颊而下,我不想回头,也不愿回头,我控制不住自己,蹲下身痛哭起来。突然,一双宽大的手抱住了我的双肩,我回过头,看到了你,看到了你充满了深深自责和浓浓爱意的双眼。

我扑进你的怀里,哭着说:"我不要再往下走了!"

你把我紧紧抱住,轻轻抚摸我的长发。"永远不会再让你一个人走。其实,我一直走在你的身后,一直在等你回头。"

世间最好的情话，不是"我爱你"，而是让你成为最好的自己

> 世间最好的情话，不是"我爱你"，
> 而是你让我成为最好的自己！
> 如果一份爱，
> 不能激发出女人的自信、快乐和美丽，
> 那么这份爱，还有什么意义和价值呢？

1

与丈夫结婚这么多年，林露的心里还是有些委屈的。她一直搞不明白：刘枫的事业做得那么好，他一个人的收入完全可以让全家人都过上舒服自在的生活，为何却在她辞职这件事情上总表现出不大情愿的态度？为何总是怂恿她报各种学习班？

在结婚时，林露就对刘枫说，我这辈子最大的心愿就是在家做家庭主妇。刘枫接口便说，辞掉那么好的工作，回家做煮饭婆，实在有些可惜！林露听完嘟起嘴巴，怪他不够疼爱她。林枫笑着说，就是怕你在家太过无聊，我工作又太忙，没时间

陪你！

林露想想也是，她思量着，等以后生了孩子再说吧。

未曾想到一年后，她生了可爱的女儿，刚满月，林枫就提醒她要及时调整自己的状态，为上班做准备。林露不想上班——小宝贝这么可爱，每天看都看不够，而且把那么小的孩子交给婆婆公公，还真是不放心。可是，刘枫却坚持：我不就是他们带大的吗，不照样不比别人差？林露听老公这么说，心里难受极了，冷冷回道：你根本就不爱我，更不爱女儿。

产后刚上班那会儿，她真的难受，身体还有些弱，在办公室坐一会儿，就觉得又困又乏。关键是想孩子想得不行，她根本无心工作。与她差不多同龄的朋友，自从生了孩子后，人家老公早放话：从此就把工作辞掉，家里不缺你每个月挣得那点儿钱！人家的老公，收入还不如刘枫呢，每想到此，林露就觉得满心的委屈，她觉得那个男人根本不在乎她。

她每天一回到家就抱怨，说自己体力跟不上，每天一上班就又困又乏，哈欠连天。原本以为，这样刘枫该同意她在家待着了，没想到他却说："也是，生过孩子后，你的身体都有些变形了。这样，从明天早上开始，我早上起来陪你在院子里跑步吧！"他是那么爱睡懒觉的人，但是第二天早上，照样早早起床，把林露拉起来，一起跑步。这让林露哭笑不得，但是效果却不错，三个月下来，体力和体形都恢复到产前了。同事都夸她比之前更年轻，更有韵味了。这话让林露心花怒放，每天都会把自己打扮得得体、优雅，人也变得比之前自信多了。在这样的状态下，她更愿意接触人了，辞职的事情便再也不提了。

2

　　林露做的是文字编辑工作，每天对着一堆文字，稍有点疏忽就很容易出错。她骨子里又是争强好胜的人，无法容忍自己出什么差错。所以，每天下班回家，都头昏脑涨，并且经常加班到很晚。但无论多晚，老公都会开车去接她。两人坐在车上，便和刘枫开玩笑："这么晚，还这么辛苦跑过来接我，何必呢？我在家照顾你不好吗？"林枫淡淡一笑，说："我哪能这么自私呢？"林露心想："你让我这么辛苦，就是自私！"

　　那年，林露的一位年轻的同事患了乳腺癌，到医院去看她，聊了起来。同事说："做我们这行的，工作压力大，很容易患癌？你可一定要注意点儿！"林露被吓了一身冷汗。心想，辞职！坚决要辞职！她回到家把同事的话讲给刘枫听，刘枫还是不同意。她说："你就不怕我患癌症？"这让刘枫又关心起她的健康来。他给林露办了健身卡，督促她每天去健身房锻炼，未了，还会让她泡个热水澡。还特意给她买了 iPad，给她下载好听的歌曲以及一些幽默段子……看着刘枫为自己做的一切，刘露心里纳闷，他究竟是真心疼还是假心疼我？

　　林露想到最后，只有一种解释：只怕她闲在家里，天天管他、黏他。她有些黯然：归根结底，还是不够爱我吧，否则，怎么会舍得让我如此辛苦？

　　这样的黯然，一直萦绕在林露的心中。

3

　　没多久，林露便找到了让自己冠冕堂皇待在家的理由。单位裁员,她榜上有名。理由是,老公收入高,你还在乎这点工资?林露虽然有点不服气,但最终还是能够心安理得地待在家里了。但是,刘枫只给了她一周的喘息,就给她报了一个写作学习班,鼓动她拿起笔,自己创作。林露恨得不行,但终究是心疼那几万元的学费,便只好乖乖去听课。刘枫有些得意,他知道老婆是个要强的人,只要去听课,一定会动笔自己创作。

不出刘枫所料,林露在培训班结识了很多知名作家,与他们相处过程中,渐渐也萌发了创作欲望。她一边去上课,一边在家写散文、写小说,忙得不亦乐乎。初期投给报社和杂志的稿子没被选上,她心里有些失落。但是,在刘枫的鼓励下,她又开始写短篇小说。半年后,她的一篇小说终于被一家杂志连载了,拿到第一笔稿费,她高兴得手舞足蹈。

很快,她被一家文化公司聘用,出了几本书,销量都不错!薪水翻了几番不说,接触到的都是一些知名的作家,这种环境使她浑身都焕发着生命的激情。女儿骄傲地告诉她:"妈妈,我老师、同学都知道你是大作家,向我要你的亲笔签名呢。"

女儿的话,林露很受用,在单位中,她渐渐地体会到工作带给她的乐趣。她的策划方案写得很漂亮,深受领导赏识。她不得不承认实现社会价值对女人来说是多么的重要。她每天早晨穿着职业装精神百倍地在人流中穿梭,总觉得自己像一面迎风飘扬的旗帜,那劲头,别提有多棒了。她再也不提回归家庭的事了,倒是刘枫经常逗她:"林大主编,已经是大作家了啊!我快配不上你了!早知这样,还不如当初让你待在家得了!"林露也笑,她知道刘枫是欣赏她的。有时候,她在电脑前码文字的时候,会不经意间发现林枫正在背后用温柔的眼光注视着她,她一回头，两人目光相交，像是初恋般弄得她脸红心跳的。

4

王欣是林露的同事，自生了孩子后便一直在家带孩子。林露一直在职场打拼，两人很久都没有再联系。

一次，她们在商场中偶遇，林露吓了一跳：往日漂亮、干练的王欣怎么变成了这个样子？身形走样，整个人看起来都很憔悴，完全没有精气神。王欣看见她却大吃一惊："几年不见，你怎么变成'妖精'了？怎么越发比之前年轻、漂亮了？"随即便自我解嘲："看看我现在这个样子，老成这个样子。在家待着这几年，一下子老了10岁！"林露不解："在家待着那么舒服，还会变老？"

王欣苦笑："在家带孩子完全不比上班轻松！现在孩子好不容易上幼儿园了，可我已经与社会脱节了，不知道该干什么。每天就忙些油盐酱醋的事，已经成黄脸婆了。每晚和老公待一起，他讲的话题我根本凑不上嘴。我说的生活琐事，他也不爱听。现在，我们俩在一起就吵架，他现在连家都很少回……"满肚子的委屈让王欣的眼泪几乎掉下来。

林露回家对刘枫提及王欣的事，言下尽是惋惜之情。林露想帮王欣找份工作，让她重返职场。但是，林露为她推荐的职位，王欣不是不想干就是干不了。待在家里几年，什么都荒废掉了，高不成低不就是件最让人头疼的事。没办法，王欣也只能继续在家耗着了。

几个月后，王欣打电话向林露哭诉：老公有出轨的迹象，就连孩子也开始不愿意与她亲近了。林露意识到，王欣的人生开始呈现出山雨欲来风满楼的态势。她感叹："林露，还是你最明智，家庭事业都经营的那么好！"

林露嘴上安慰，但心里却暗暗开始感激老公：这些年如果没有他使劲拽着我，我现在可能也是这副凄惨的景象！

王欣终于下决心重返职场了，她对工作不再挑三拣四。先到一家广告公司做了业务员，一个中年妇女重返职场，真是百废待兴。如何与同事相处，与客户交流？如何面对工作的压力和挫折？如何去拓展自己的交际圈？王欣都一头雾水。刚开始，处处碰壁，她急得直哭。

林露看王欣如此辛劳，不由得多了几分感触：一个中年女人重返职场，重新开始，要比一个小姑娘初涉社会难得多！她暗自庆幸：亏得一直没有放松自己，才让今日的自己魅力十足。

这可能才是真正的爱情！世间最好的情话，不是"我爱你"，而是让你成为最好的自己。如果一份爱，不能让一个女人变得日益美丽、快乐，那么这爱又有什么价值和意义呢？她慢慢地开始体会刘枫的良苦用心了。

5

林露45岁生日，刘枫带着她去吃烛光晚餐。烛光摇曳，淡香弥漫，林露长久以来萦绕在心里的黯淡，此刻都化作感激和幸福。她优雅地举起一杯红酒，泪光微闪，对刘枫说："感谢你，这么多年，一直拉着我拽着我，才有今天的我。看着周围的同龄女人，很多人已经开始走下坡路了；而我，却这么充满活力和自信。我人生最好的时候,还在后面!由衷地谢谢你,老公!"

刘枫不语,看着她只是傻笑,伸手亲昵地捏了捏林露的鼻子说:"你终于懂了,小傻瓜!"林露看着他,在心里默默地对自己说:"原来自己是如此幸运和幸福,遇到了世界上最懂爱的老公!"

猕猴桃

爸爸的一个很要好的朋友去世了。
20多年的交情，
我们两家人一直是邻居。
火化的那天我爸一直站在焚化炉旁边，
拿着树枝拨弄着地上的杂物。
我当时在礼堂，
突然收到爸爸的信息
"过来陪我说会儿话！"

我活着，只为了捍卫你

> 您是圆心，我是半径。而再大的半径，都还得绕着圆心。自小到大，在您润物细无声的呵护中成长的我几乎忘记了您已慢慢变老。就在昨天，在走近您的那一刻，我才蓦然发现，您前额的皱纹竟如刀刻般分明。奔波劳碌的岁月在不知不觉中使您的背驼了，腰弯了，驼得几乎成了沉甸甸的一座山，弯得简直化作了一把黑黝黝的弓……

1

失恋了，被老爸知道了。他对我说："这是件好事啊，以后不用陪男朋友了，陪你老爸！"

高考前，压力很大，老爸很豪迈地说："考不上，我养你一辈子，反正我已经养成了你18年了。"

后来，到国外念书，不懂电脑的老爸突然有一天发了封邮件，标题是：十万火急！

内容为：发几张你的照片给我，我真的想你了！

看到后，忍不住泪奔。

父亲病了，住进了医院，我有些着急，不停地打电话给他。他说："别急，丫头，老爸会好好活着捍卫你一辈子！"

泪水再次流下。

2

一次晚上，上平面设计电脑培训班，中间课间休息5分钟，我站在走廊里发呆。

一会儿，我看到一个人骑车很快地冒着大雨赶来，居然还连人带车摔了一跤。看着熟悉的背影，我想一定是老爸。

后来，他上楼找到我，我假装什么也没看见。便问他："我们只休息5分钟，你来这里干吗？"

他从衣袋里拿出一瓶牛奶，上面还有点脏兮兮的，说："你今天中午的牛奶忘记喝了……"

3

小时候，老爸每次上街买菜，都会叫上我。遇到卖零食什么的我就直接要。他总是会买各种好吃的给我。每次出门，他总会把小手指让我牵着。

上高中，我就住在姑姑家了。一次回家，他让我跟他一起去市场买菜。我在后面走着，看到他的小手指一直翘着，一如小时候牵着我的姿势。

我忍不住，眼泪直接掉下来。

4

从小，老妈都把我管得服服帖帖的。

她总以为把我用的东西给我买齐了，就不需要什么零花钱。

老爸却很宠我，现在想起来，那是一种溺爱。

每次出差，尤其赶上我放假，他都会多给我一些零花钱。

一次，我还没有放假，老爸就要出差，这意味着我们没有办法交接上。

那天早上刚下课，便收到老爸的短信：钱放在我屋子里的抽屉里。

中午下课的时候，他又发短信：我怕你妈妈拿东西会看到，于是就把钱放到书房大书架右侧，倒数第四层，一本叫作《新版牛津英语大词典》的书里。

我回到家，搬来椅子，扶着书柜，顺利地从书里找到了600元钱。

当时，我就泪奔了。

5

晚上吃饭时，老爸说："你以后嫁人了，我跟你妈怎么办？"
然后转过头对老妈说："老太婆，以后对女儿好一点儿！"
我转过头笑着说："你们俩就你看看我，我看看你呗。"
其实，话未出口，我的眼睛已经红了。

6

上大学期间，五一节说好去男朋友老家那边玩。
老爸发短信问我：回不回来？
我回复：就几天，就不回去了吧！
他又回复，只有四个字：樱桃熟了（我家院子里有棵大樱桃树）。
我的眼泪突然就像开闸的洪水。
后来，毕业几年，独自在外漂泊两年。
每次老爸发短信都问：什么时候回家。
我总回复：过年！

他回复：只要你在外开心就好，不开心就回家……

我的眼泪就止不住想掉下来……

7

老爸属于很古板的人，从来不会表达感情什么的。

上次，老妈电话里给我说，她给我爸买了个杯子。他说，怎么只买一个，给我姑娘也买一个一样的。我妈说，姑娘不喜欢这种样子的。老爸说，不行，一定要买，我要跟她用一样的！

听完，我的泪流不止！

8

前几天我过生日，老爸打来电话，我刚接到，那边就开始放中文生日歌，放完后又放英文，接着便是韩文。最终老爸说，怎么样，好听吧，你最爱听哪一个我再放一遍给你听。我拿着电话，泪流不止。

后来，老爸生病，检查结果还未出来，我很是担心。

我在外地工作，他在电话中说："不要哭，你放心，爸爸一定会坚持到你嫁个好人为止！"

一想起这话，我就掉眼泪！

9

第一次到外地，工作两个月后回家。

和家人说，男朋友过来接我。

早上到了之后，我便接到老爸的电话："我来给车做保养，顺便请你俩吃个饭啊。"

刚吃完饭，他就直接把我和男友载回家了。

回家了，听妈妈说，你爸看你一回来不着急回家，先跑去找男朋友，就吃醋了。想了半天，才找出个不是特别牵强，并且你不会拒绝的理由，才到车站接的你。

10

某个秋末时节，下了一场大雨，很冷。正是中午，又无法出门，便在宿舍睡懒觉。忽然有人说："外面是谁呀，湿淋淋的一个人站在外面。"我透过窗户看到一个熟悉的身影——老爸。

因为两个人关系一直不是很好，面对这样的场景，我还真是有点无所适从，父亲从怀里掏出老妈出锅不久的热乎乎的豆沙包，我的眼泪瞬间流了下来。

11

一次，老妈逛街，老爸一个人在家。

我临时下班，便往家打电话说，我约了男朋友去吃中午饭，不回去了。

爸爸有些失望且可怜兮兮地说："好吧，那我不买菜了，回家吃泡面去。"

后来，过了一会儿，老爸又打来电话说："女儿，要不爸爸过去跟你们一起吃吧，带上我一个，我埋单请你们！"

瞬间明白，原来老爸也会黏人！

12

初中时，老爸到韩国打工赚钱供我上学。

等到高三时，我爸回国，和老妈离婚。

那年，我没有参加高考。

我爸又在老家成了一个新家。

我离开了老家，发誓再也不会回去。

两年前年关，听着外面的鞭炮声，我自己一个人在宿舍吃泡面，爸爸突然打电话说，我后妈的表姐在韩国给我找了男朋友，家境很不错，假如我能嫁过去，就给我买套楼房，给我爸和后妈两个出国的名额。

我当时就在电话里咆哮："你就因为一套房子和两个出国的名额就把我卖了！"我愤怒地挂断了电话。

我挂断了电话，我爸也没再打过来。

一周后，我爸打电话过来，我语气很冷淡，他最后哽咽着和我说，你要是不想嫁去韩国，爸爸不会勉强你。你以为我真的是在乎那个房子和出国的名额吗？我只是想跟你一起生活几年，把你从初中没得到过的父爱都加倍地还给你……

电话这边的我已经泣不成声……

13

我爸外号叫土豆，我叫他老豆。

高中时，总是梦见老豆出车祸，然后总会在梦里哭个不停。醒来时，才长舒一口气，庆幸是梦，然后就到隔壁屋门口叫老豆。老豆醒来，应了我几声，问我怎么了。

我回他说：没什么事。他忙问：是不是做噩梦了。我说没有，听到老豆的声音，确信他还活着，我才能安心地再次入睡。

第二天，仍旧做噩梦，与老豆有关，我哭到抽筋。

早上起来，老豆煮鸡蛋给我吃，当时，我握着老豆的手说了昨晚的梦，还认真地对他说：别死，好吗？

老豆说：真是个傻孩子。

末了,他眼泪直冒,我边吃鸡蛋,边流泪。

14

我找了异地的男朋友,老妈知道了,半玩笑半认真地劝我说:离家那么远,分手算了。

我很爱他,听到"分手"两字,便哭得不行。老爸一把抢过电话。

我喊了一声"爸",哭得更厉害了。

老爸不停地说,只要你喜欢就好,你妈跟你开玩笑呢!

15

老爸是新好男人,烟酒一点都不沾。

那一年,我考上大学。老爸请朋友吃饭庆祝时,我爸第一次喝了酒,几杯下肚,便醉得一塌糊涂,在包间里一会儿笑,一会儿哭的。一开始我还笑我爸酒量不行,后来走近了,才听到他在嘀咕什么,我立即扛不住,眼泪就掉下来了。

他对朋友嘀咕:"我女儿20年都没离开过我,这一下子要到那么远的地方去,还要去四年,末了,还不知道回不回来呢。我难受啊,但是我还得替她开心啊!"

16

爸爸中风5年了,我在外漂泊了4年。

过年回家,替爸爸洗澡搓背的时候,爸爸突然凝神看着我,冷不丁冒出来一句:"你和我年轻时一模一样……"

当时眼睛就湿了……

正泪奔着听到妈妈在里屋叫我。

刚应了一声"嗯",妈妈就说:"你鼻子怎么啦?感冒啦?抽屉里有 VC 银翘片和感冒片;赶紧多喝点水。"

于是,继续泪奔……

17.

爸爸和妈妈在我 7 岁的时候就离婚了。

妈妈改嫁了,爸爸带着我一起过。

大三时,有一次陪爸爸做菜,我与爸爸聊天时说起妈妈,他说:"你以后会有爱你的人,你还爱你妈妈,但是我只爱你一个人,我也只有你一个人了。"

我听完这话,就背过身去擦泪了。

迷路的父亲

> 这个世界上，最难懂的人便是父亲。
> 教育你节俭，内心却舍不得你受委屈；
> 他从不当面夸你有多棒，内心却骄傲得受伤；
> 他不肯让你早恋，却希望你最终能嫁个好人！

经常忙于工作，很少抽时间回家看望父母。

那天，开车去郊区做一个专访节目，结束时已是晚上 9 点多钟，还有朋友在餐馆等着过去吃饭。到一条偏僻的沙子路边，远远地看到一个矮小的身影。顺着车灯仔细望去，是一位老人，腰身有些佝偻，拄一根拐杖，刚刚上一个坡，就累得气喘吁吁。我开近了他，停下车，问道："大爷，你去哪儿，我捎你一程吧？"老人起初以为我会收钱，便赶紧挥手说："不用，不用！"我向他笑笑，向他解释不会收费！他终于明白了我的意思，忙点头向我表示感谢。我将他扶上车，在车开动时，才意识到自己犯了一个大错误——老人要去的村子跟我要回的地方正好相反。

可我已经答应人家了，只好掉头加速前行。在车上，我不停地和他聊天，拉家常，套近乎，怕他心里有什么顾虑。他说，他是去看女儿的，几年不出门，也不知道如何乘车，从昨天早晨一直走到现在，才发现路程还真是远。昨晚，他也只是在路边的破烂屋里蹲了一宿。

我有些吃惊，幸亏正值中秋时节，天气不很冷，不然若是寒冬腊月，还不得把老人给冻出病来。我回头向他望一眼说："大爷，您已经走错路了，再这样走下去，再走半个月也到不了您女儿家。"

老人有些震惊，嘴里嘀咕不停，说自己果真是忘记了路，还不停地对我说着感激的话。

我对他说："您知道女儿的电话号码吗？怎么不打电话让您女儿来接您，这么大年纪，真走丢了可是个麻烦事啊！"

这一问不打紧，老人干裂的嘴唇动了几下，眼睛红红地噙满了泪水。他说女儿病了，估计是不好的病。之前女儿每个月都会去看望他，如今两个月已经没见了。后来听儿子说她患了严重的病，很难治好。

我猜他所说的不好的病其实就是癌症。

怕女儿突然离开他，便瞒着家人一个人出来了，谁知迷了路。我感慨万分，说："大爷，您这么一声不吭地走了，家里人还不知道急成什么样了呢？您知道家里人的电话吗？我先给他们说一声。"

他很茫然地摇了摇头。

大约两个小时后，便到了老人说的村庄，很快就找到了他的女儿家。

他的女儿四十多岁的样子，看上去精神很好。老人一下车，便扔掉拐杖快步走向女儿，抱住她，眼泪直流。

女儿一边拍着肩膀安慰他，一边问我怎么回事："你怎么会把他送到家里？"

我向她说明了事情的原委："你爸爸听说你病了，瞒着家人走了两天，才到这里。昨晚还在一间破屋里蹲了一宿呢。"

女人听了，便抱住老人，痛哭了起来，说："爸，我真的没事，不过就是做了一个小手术，一点也不要紧……"

老人有些不相信，推开女儿，看着她，哽咽着说不出一句话。

女儿的家人围上前来劝慰老人，为女儿解释。

我悄悄地上车，驱车离开。

车开很远，脑中一直闪现刚才的一幕，眼眶不觉得浸出了泪水。

我立即掏出手机，推掉了朋友的邀请，拨通了老爸的电话，告诉他："在家里等着我，一会儿我就到家看您跟我妈。"

她的名字叫作天使

> 母亲不是赖以依靠的人，
> 而是使依靠成为不必要的人。

田田是个可爱的女孩，她有一个深爱她的妈妈，从未让她做过任何家务。小时候，她最爱看一本叫作《当天使坠落人间》的书，那时候的她觉得妈妈就是那个善良的天使，过来守护她的。

但有一天，她妈妈回家后便给她立下了规定：必须学会做家务：做饭、洗碗、抹地板、洗衣服……只要有一点做不好，就骂她，甚至还打她。

开始田田以为，妈妈可能遇到了不愉快的事，心情不好找她发泄，第二天便会没事。但是第二天，妈妈依然对她很苛刻：吵她、打她。田田的期盼一次次地被打碎，她实在无法相信，天使般善良的妈妈怎么会突然变成魔鬼。一个月过去了，田田的心中便对妈妈产生了恨意。也就是在那段时间里，她迅速地学会了做家务，照料自己。

四个月过去了，妈妈不幸离世。爸爸又为她找了一位漂亮的妈妈，那位妈妈同样善良温柔，对田田很好，她觉得自己又找回了快乐和幸福。

几年后,田田上了大学,需要五千多元的学费,这笔开支对于收入不高的家庭来说,是一笔不小的数目。爸爸正准备向邻居借钱,突然想到了什么。他回屋从箱子里拿出了一个袋子,交给她。她一脸诧异地看着爸爸,爸爸告诉她说:"这是你的生母留下来的,让我在你考上大学的那一天交给你。"说起生母,田田的心里立即升腾起一些恨意来,她看了一眼,随手将它扔到一旁。后来,在爸爸的劝说下,她打开了袋子,里面有两样东西:一样是摆放得整整齐齐的五千元钱;另一个是一封信,上面这样写道:

亲爱的女儿:

现在的你,应该长大了,妈妈由衷地为你感到高兴。这里有五千块钱,你拿去用吧。我为我当年的举动向你道歉!

但是,亲爱的宝贝,你知道吗?那天下午,我接到医院的化验单:我患了癌症,已到晚期。医生劝我接受治疗,但我满脑子都在想你该怎么办。我知道,我走后,你爸爸一定会为你找另一位妈妈。我担心那个妈妈会不喜欢你,所以用最粗暴的方法让你在最短时间内学会所有的家务,以便将来好好照顾自己。这样,我就可以放心地离开你了。

我知道,妈妈那样做一定是伤了你的心,你会讨厌我,甚至会恨我。但我知道,只有这样你才能尽快地忘记我,然后想着与新妈妈和谐相处。至于那五千元,是我这么多年的所有积蓄,你拿走上大学用吧!

田田看完信后已泪流满面!

其实,每个婴儿出生后,因为非常纤弱,所以上帝为每位孩子安排了一个天使看护,那位天使的名字就叫作"母亲"。

这个奇迹的名字，叫作父亲

> 那一世，转山转水转佛塔啊，
> 不为修来生，只为今生用心守护你！

这是发生在 1948 年的一个真实的故事。

一位父亲带着他 6 岁的女儿乘坐一艘客轮穿越大西洋，去与远在美国的妻子会合。

那一天，海上风平浪静，太阳烧红了天边的云霞，甚是绮丽。船舱里，父亲安静且认真地为女儿削苹果，突然船身发生了剧烈的震动，父亲猛然摔倒，水果刀一下子插进了他的胸口。他的全身都在颤抖，嘴唇变得青紫。女儿被瞬间发生在眼前的一切吓坏了，尖声叫着扑上去扶他，他却微笑着推开女儿的手说："宝贝，爸爸没事，只是摔倒了！"然后慢慢地拔出刀子，缓缓地挣扎着爬起来，趁女儿不注意时，用手悄悄揩去了刀锋上的血迹。

在此后的三天，父亲仍旧像往常一样悉心地照顾女儿。清晨起床为她挤牙膏，为她梳头，帮她系上美丽的蝴蝶结，带她去用晚餐，陪她去看海上的美景仿佛一切都没有变。而女儿也丝毫没有意识到父亲正在一点点地变得孱弱，只是注意到他眼里充满了忧伤和爱恋。

在抵达洛杉矶的前一天夜里，父亲只走到女儿身边，对她说："明天见到妈妈，请告诉妈妈，我爱她。"女儿有些不解，然后又说："我们明天就会到达，你可以亲口告诉妈妈啊！"他看着女儿天真的表情，笑了，俯身在女儿额头上吻了一下。

客船抵达港口，女儿很快从熙熙攘攘的人群中认出了母亲，她大声地叫喊道："妈妈，我在这里！"也就是在这个时候，人群中传来一阵惊叫声，女儿一回头，看到父亲已经倒在地下，胸口的血液喷涌而出，染红了甲板……

尸解的结果让所有人惊呆：原来那把水果刀正好刺穿了他的心脏，他却在不被人发觉的情况下多活了三天。其唯一可能的解释便是伤口太小，使得被切断的心肌依原样贴在一起，维持了三天的供血。

这是医学史上极为罕见的奇迹。在医学会议上，有人说要称它大西洋奇迹，而有人则建议用死者的名字命名，还有人说要叫它神迹……

"够了！"那是一位坐在首席的老医生，须发俱白，皱纹里满是人生的智慧，此刻一声大喝，然后一字一顿地说："这个奇迹的名字，叫'父亲'。"

木瓜

每个人的初恋,大都十分纯情。

跨过了初恋,

爱情就生出了很多姿态。

有的人变得风流,

见一个爱一个;

有人冷漠,

再不会拿出真心爱第二个人。

不是每个人都适合和你白头到老。

有的人,是拿来成长的;

有的人,是拿来一起生活的;

有的人,是拿来一辈子怀念的。

爱是似水流年的相守，与婚姻无关

> 叫声老婆很容易，
> 叫声太太也不难，
> 但是叫声老太婆，
> 却是一生的承诺！

1

他第一次去巴厘岛出差回家，买了一条珍珠项链送给她。那一粒粒晶莹剔透的珠子，散发出一缕缕的淡雅的清香，沁人心脾。

她惊讶地说，这么奇特的"宝贝"是用什么做成的，他笑笑说，这些珠子啊，都是海洋中一种非常稀少的海蚌壳中提取出来的，一个海蚌要孕育上百年才能结出一颗珠子；而且，只有将雄雌两种蚌孕育的珠子相交串在一起，才能散发出奇香来。这条项链，代表着爱情的久远和坚贞。他刚说完，两颗泪水便从她的眸子里涌出，她被眼前的这条珍珠项链深深地打动了。他却笑着，俏皮地用手地刮了一下她的鼻子说，真是个小傻瓜！

然而，就在婚后的几年，他竟然爱上了一位漂亮的酒吧驻唱女。他儒雅、幽默、睿智、有责任感，有事业心，没有女人喜欢，是不可能的。在那位女人的强劲攻势下，他最终向她摊牌，并递给她一张离婚协议书。她默默地在上面签了字。就在他与女友准备以自驾游的方式结婚时，他在途中遭遇了车祸。他躺在医院的重病房里，昏迷了几天几夜。那个唱歌的女人始终没有露面。而她却在病房外坚守了几天几夜，与他家人一同照顾他，为他操心，抹眼泪。

后来，他奇迹般地苏醒了，睁开眼看到的第一个人是她：面容枯黄，憔悴不堪！忏悔的泪水夺眶而出。

几个月后，他完全好转，便约她一起去海边。

在沙滩上，他低头轻轻地问："我们……能……重新开始吗？"她从包里取出那条珍珠项链，不动声色地慢慢扯断，之后，将珠子一粒粒地丢进沙里，然后，淡淡地说："有一颗珠子曾经背离过，它亦芳香不再。"说完，转身而去，从此与他再无联系。

看着她远去的背影，他突然明白：似水流年，才是一个人的一切，其余的全是片刻的欢娱和不幸。

2

他和她在旅行的火车上相识，坐在她对面，看着素洁、清雅的她，犹如一幅画。于是，他拿出画笔，开始画她。当他把画稿送给她时，才知道，原来他们在同一个城市。两个月后，他们便坠入爱河。

那年，她成了他的新娘，亦如实现了一个梦想，甜蜜而满足。但是婚后的生活就像划过的火柴，擦亮之后就再没了光亮。他不拘小节，不爱干净，不擅交往，崇尚自由，喜欢无拘束的生活。虽然她乖巧得像只小绵羊，可他仍旧觉得婚姻束缚了他的心灵。但是他们依然相爱，而且他品行正派，从不拈花惹草。

她含泪和他离了婚，但是带走了家里的钥匙。她不再管他蓬乱的头发，不再管他几点休息，不再管他到哪儿去，和谁在一起，只是一如既往地去收拾房间，清理那些垃圾。他也习惯她间断地光临，也比在婚姻中更浪漫地爱她，什么烛光晚餐、远足旅游、玫瑰花床，她都不是在恋爱和婚姻中享受到的，而是在现在。除了结婚证变成了离婚证外，他们和夫妻没什么两样。

后来，他终于成为了有名的艺术家，那一尺尺堆高的画稿变成了一打打花花绿绿的钞票，她帮他经营，帮他管理，帮他消费。他们就一直那样过着，直到他被确诊为癌症晚期。弥留之际，他拉着她的手问她，为什么会一生无悔地陪着他。她告诉他，爱要比婚姻长得多，婚姻结束了，爱却没有结束，所以她才会守候他一生。

是的，爱比婚姻的长度要长，婚姻结束，爱还可以继续，爱不在于有无婚姻这个形式，而在于内容。

幸福只是转了一个弯，幸好被她追上了

> 无论什么都需要付出代价，
> 一个人，只能在彼时彼地，
> 做出对他最好的选择，
> 或对或错，
> 无须对任何人剖白解释。
> 无论做什么，记得为自己而做，
> 那就毫无怨言。

那个夜晚，几乎把她一生的幸福都毁了。

她没有任何预感。灶里的火刚停，看了看墙上的表，男人往常都是在这个时候迈进家门，一边嚷嚷着饿死了，一边跟她盘算着一天的收成。

男人好手艺，几家建筑工地抢着要，工资翻着番儿地往上涨。男人有一天喝醉了酒，满脸深情地对她说，地里的活儿太重，你还是别干了，我养得起你。

她就听男人的，安安稳稳地待在家里相夫教子。

日子像慢火熬粥，熬着熬着，就有了绵长的滋味，馥郁的

浓香。

桌上的电话响了，很急促的铃声。她的心突然跳得厉害，拿话筒的手有些颤抖。

电话是男人的一个工友打来的，他，出事了。

出租车上，她的语气里带着哀求，能再快一点儿吗？司机师傅不言语，脚下加大了油门，车子风驰电掣般疾驶在去往医院的路上。天塌了。

男人被送进手术室。医生说，作最坏的打算，或者，成为植物人。

夜，不合时宜地降临了，她的心陷在黑暗之中，透不出一丝光亮。

八楼的家属等候区内，她坐立不安。医院，是这座小城最高的建筑，八楼的窗口可以俯瞰整座城市的夜色。每一盏橘黄色的灯光背后，都有一个动人的故事正在上演吧，为什么属于她的那个故事却已经破碎，不完整了呢？

时间一分一秒地消逝，窗外的灯光渐渐暗了下去，喧嚷了一天的城市沉沉入睡，手术室的门开了，她看到，早晨离家时那个生龙活虎的男人，僵直地躺在手术推车里，身上插满了各种管子，血迹斑斑。

手术还算顺利，至于能否度过危险期，医生不敢贸然作出决断，只是淡淡地说，看他的造化吧。

这一夜，很漫长。她拉着他的手，哭着，她紧紧地盯着监护仪上不断跳跃的数字，微弱而杂乱的气息告诉她，她的男人正在生与死的边缘徘徊。她要拽住他，死命地拽住他，不让他向那个危险的深渊坠去。

曙光还是来了。男人的呼吸慢慢平稳，医生说，有好转的迹象。那缕破晓的曙光，印上了窗子，也给了她重生的希望。

男人奇迹般地苏醒了。苏醒过来的男人意识有些混沌，茫然的眼神在每一张围过来的脸孔上逗留，移开。看到她时，男人眼睛亮了一下，嘴唇动了动，似乎是想笑，却因为嘴里插着的管子，露出一副痛苦的表情。她知道男人已经认出了她，他一定是在冲她笑，那是她一生见过最灿烂的笑容。

男人出院的时候，还像个躺在床上的大婴儿，有时，会很依赖她；有时，又会冲她乱发脾气。她说，不怕，只要人还在。语气里，是从未有过的坚定。医院里的账单，她小心翼翼地折了又折，藏进贴身的衣兜里，骗床上的男人说，幸亏前些年瞒着他买了份保险，几乎没花着自家的钱。她的衣兜还装着另外一张纸，密密麻麻地全是她欠下的债。

天气晴好的时候，她会把男人推到院子里晒晒太阳。她要回了转让出去的几亩农田，又在附近的村子里找了一份缝纫的活儿，无论多忙，她都要回家看男人一两次，陪他说会儿话，或者是倒上一杯热水，放在他的手边。

男人能说几个字的短语了，有一天，她正在为他擦脸，听到男人歉疚地说，是我拖累你了。她怔了怔，很大声地冲着男人喊道，你说的什么，我养得起你。说完，觉着有些耳熟，这不是之前男人对她说过的话吗?

前半生,男人为她开疆拓域;后半生,她要为这个男人撑起一片天。

她觉得,幸福只是拐了一个弯,幸好,又被她追上了。

你的世界，我只是路过

> 人这一生能有多少个时刻会爱上一个人，而爱情中最大的悲剧就在于当那句"我爱你"还没来得及说出口的时候，你爱的那个人已消失在人海中。

沉浸于一场无结局的爱，最终感动的人，竟然是自己。

在烟花三月，在细雨绵绵的秦淮河畔，一条幽深的小巷，让孤独的身影又多了几分楚楚的哀愁，又多了几许令人心疼的美丽。

还记得，在周庄拥挤的人流中，彼此在擦肩的那一刻，像小说中的某一个熟悉的情节那样，她不禁怦然心动，为他一脸的超凡脱俗，为他身上斜背的画夹。

与他目光相对时，她粲然一笑，空气仿佛凝固了，周边那些喧嚷的游客全都被她屏蔽了，唯有他，占据着心中那一整张画布的中央，让她的思绪可以恣意蔓延。

那就是爱了，只那么轻轻的一眼，她便一往情深了，像扑火的飞蛾，那么不管不顾地朝他奔去，唐突得连她自己都脸红心跳，尽管早已不是那个青春懵懂的小女孩，已见识过太多的轰轰烈烈与平平淡淡的爱,她却依然无可遏制地爱了,激情澎湃,如那一壶沸腾的水。碧绿的新茶尚未沏好,氤氲的气息已缭绕开来。

其实,她亦深深地知道,他或许是她永远的白日梦,他最深的世界,或许她一生都不会走近,但那又何妨呢?就像一盆扶桑爱上了整个原野,像一枚钻石爱上了宽阔的矿脉,她就那样头也不回地爱上了他。

当然,她爱得激情火烈,却又理智如山。她只在那个距离上,爱他白山黑水馈赠的风骨,爱他穿越时光隧道的风度,爱他孩子般的天真和老榆树一样的沧桑。于她,他那样简单,似乎一览无余,又那样神秘,似乎总是无法读懂,像一个充满诱惑的游戏,一上手,她便很难罢手了。

他是一个游走在天地间的画家,他更多的热情献给了那些色彩和线条。当然,聪慧的他,早已明了她眸子里盈盈的深情,他很感动,只是他与她毕竟隔着太多的山山水水,隔着太多的光阴,更何况他早已有了妻儿,幸福的家庭生活让他更加心无旁骛地攀登艺术的高峰。

就像是读不懂他的画,她不知道自己为何那样一厢情愿地爱上了他,明明知道结果是失望,她依然那样无可救药地爱了。

她请了假,在他租住的村旁也租了一间小屋,只为了能够方便地看到他画画。

她还开始留意电视上的饮食节目,跟着特邀嘉宾学了几道容易做的家常菜,有模有样地练习了好几次,终于鼓足勇气,拿与他品尝。听了他的夸赞，忐忑得垂首低眉的她，竟像中了大奖似的，快乐得心花颤动，几欲跳跃起来。

他要去敦煌采风了，她多么希望他像带上水囊一样，把她也带上。她愿意和他一路风尘仆仆，让西部漫卷的风沙吹动她浪漫的向往。可是，他没有邀请她一同前往，她也只能咬着嘴唇，故作洒脱地向他挥手，祝他一路平安。

在那些分离的日子里，她从网上找来他的那些画作，一一地细细观赏，他那好闻的气息，就慢慢地从那画作中散发出来，让她情不自禁地陶醉，陶醉于一种美好簇拥的想象里，像一个芳心初绽的少女，镜中那一脸的潮红，将无限的心事暴露无遗。

好几次，她想给他打一个电话，或者发一个短信，可是，最终她还是强忍住了，她怕自己就此一发而不可收，也怕他由此轻看了她。

她回公司上班了。那个周末，英俊的上司给她送来一篮水灵灵的鲜花，她才恍然想起那是自己 27 岁的生日。面对一桌好友热情的祝福，她却走神了，心里特别渴望听到他的声音，甚至能够收到他的一个问候的短信，也会让她兴奋起来的。但是，直到夜色阑珊，朋友们纷纷地散去，他依然音信杳无。

听着略带忧郁的苏格兰古典乐曲，她独自啜饮一杯红酒，泪珠，滑落下来，一颗，又一颗。

微醉时分，她颤抖的手拨动了那 11 位早已背熟的数字，那端传来的，却是平淡如水的提示：您拨打的号码已关机或者不在服务区内。

关机？不在服务区内？有说不出的凉，从头顶压过来，让她身子不由自主地一颤。继而，她苦涩地笑笑，为自己的自作多情。

那一夜，无眠。肯定不是因为那一杯红酒，她许久不曾有过的头疼，忽然一点点地厉害起来。

再后来，他去了西双版纳，又去了欧洲，似乎前面总有那么多魅力无穷的东西在深深地吸引着他，让他乐此不疲地四处奔波。她仔细地阅读他博客里的每一篇日志，并几乎为每一篇都写下了评论，而他，总是那么礼貌地回复两个字：谢谢。语气淡淡的，仿佛她只是一个普普通通的过客，只是偶尔地路过他。

不过，她还是无比甜蜜地幸福了一回。那是认识他两年后的一天，他忽然从日本给她寄回来一条绣着浅色樱花的丝巾，说感觉她系上一定好看。

那是当然的，她相信他的审美眼光，更何况那是他千里迢迢的心意呢？

然而，她与他的故事，就像早已料到的那样，彼此只有序言没有正文，只有问题没有答案，他依然走在自己选定的路上，远远地游离于她的视野之外。而她最绰约的青春时光，也所剩不多了，同窗女友几乎都嫁人了，父母早就焦急地催促了，热烈追求她的两个男子，也都转身开始新的爱情了。

那一日，她翻开一本诗刊，一首诗的题目惊雷般地让她僵住——我只是路过你。

原来，自己一直固执地拥抱的，不过是一个美丽无比的白日梦，情真意切的自己，只是路过他，今生已注定无缘与他并肩，甚至无法追随他的脚步。

于是，释然。她神清气爽地转身，不再关注他的行踪，不再因他而隐隐地心疼。甚至只过了几个月，他的容颜便模糊起来，而她原以为会深深地镂刻在脑海里，永远无法抹去的。

与一位作家聊起当年的那段无疾而终的爱，作家一语中的：转身，便是天涯。

再精彩的一场戏，终要有散场的时刻，更何况那爱，不过是生命中的一段插曲，再美也抵不过光阴的冲洗。

若干年后，当别人提起他和他的画作，她竟有恍若隔世的感觉。如今，她像他一样，已经拥有幸福的婚姻，拥有人间烟火味十足的爱情。曾经的那些泛着青涩的情节，已像那个渐行渐远的春天，属于遥遥的往昔了。

30多年前的一件恋爱小事

> 只要能天天看到你，那就是我活着的动力。
>
> ——电影《马达加斯加》台词

30多年前。

他，镇上煤矿厂的工人，家境贫寒。她，是镇上纺织厂的女工，家境一般。经乡亲介绍，他们恋爱了。

一个冬日的早晨，他骑车带着她到县里闲逛。到百货商店，他掏出口袋里所有的硬币，为她买了一件鲜艳的粉红色棉衣；她也几乎花光了所有钱，为他买了一卷毛线，打算回家为他织毛衣。

从上午到中午，他们饥肠辘辘。街道两旁饭店飘来的香味让他们更饿了。他扭过头来问她饿不饿，她用眼扫一下街道，笑一笑，摇了摇头。终于在拐角他看到了一个简陋的饭馆，便停了下来。店主在里面叫道："中午了，进来吃点东西吧。"他用眼睛往里扫了一下，便与她一同进去了。

他要了两大碗羊肉汤，有一碗，他让店主放了许多羊肉、鸭血和饼，给了她。另一碗只是清汤，上面漂了一层辣子和碎葱。

他埋头便吃，不到一会儿，碗里的汤连同辣子、碎葱一扫而光，点滴不剩。他擦掉汗珠，抬起头，见她还未动筷子，便问道："怎么啦，不好吃？"

她手里拿着从家里带来的干饼，有些不好意思地摇摇头："膻味太重，吃不下。"说着，她便把那碗汤推给了他，自己倒了杯开水，使劲地咬那干饼。他看她把大半个饼吃下，便冲她笑了笑，端起那碗汤又是一扫而光，点滴不剩。放下碗，肚子饱饱的，身上热乎乎的，他看着她满足地笑了。她脸色绯红，看着桌上的两个大空碗，也笑了。

后来，他们结婚、生子，一晃十几年过去，他再也没有吃过那么好吃的羊汤。

又是一个冬天的中午，他下班刚到家门口，便闻到一股羊肉的味道。她正在厨房忙碌着，见他回来，便说，快吃吧，羊肉面，哥哥送的羊肉。他端起一碗，便是风卷残云。一会儿，她也端着一碗，坐在院子里慢慢地吃着。

他感到惊讶，问道："你不是受不了羊肉的膻味吗？"
她惊讶："听谁说的，我啥时候说过这话。"
"那一次啊，十几年前，我俩认识不久，在县城那一回……"
她的眼睛在眼眶里转了两下，便想起来了。

她的脸上顿时呈现一片绯红，对他笑道："那次是怕你一个人吃不饱，故意那么说的。"说完，便有些不好意思地端着碗走出了院子。

又过了十年，他经常把这个故事讲给他的孩子们听，每讲一次，他的眼中都闪着泪花。

当一粒沙爱上一只蚌

一粒沙爱上一只蚌。

沙说:"我的爱很痛。"

蚌说:"我把它放入我的灵魂!"

女孩在很小的时候就双目失明。长期在黑暗的世界中成长,她变得胆小而懦弱。她喜欢海边的沙滩。夏日一到,光脚踩在上面,有一种细腻柔滑的感觉。她觉得那些微小的沙子,从海底到海岸,穿越波澜,只要想想,就有一种锥心的痛。

那天,一位男孩送给女孩一只透明的水晶瓶子,在夏日的阳光下闪闪发光,映照在女孩的脸上,显得很美。男孩说:"我要陪你走遍所有的沙滩,每天放一粒沙子在这个瓶子里,用它去珍藏起你所有的快乐,不久,你就会发现自己终究有许多幸福!"男孩说着就往瓶子里投了一粒沙,女孩便听到轻微的一声响,女孩抱着瓶子,很是感动。

女孩一直期盼什么时候能把瓶子装满。那样她的愿望就可以实现了。

"让我做你的男友吧,每一粒沙代表我爱你的每一天!"女孩一直记得男孩说过的话，他说着就把一粒沙轻轻放在女孩的手心。女孩有种很甜蜜的淡淡的悲伤。女孩用手抚摸着男孩的脸庞，像触摸沙粒的感觉一样。他温柔体贴、幽默帅气，是许多女孩心中的白马王子，他对她们不屑一顾。"难道这份感情是为我珍存的？"女孩心里这样想着，手却先思维一步给出了答案，那粒沙顺着手指滑落进瓶子，伴着一声轻微的响声。

那年的情人节，他们一起去听海，回来时在路边遇到一个卖水产品的小贩。男孩叫住他。三轮车上堆满了水产品，男孩注意到在车把的一个透明袋子里有只很饱满的哈贝。小贩说那是涨潮时他从海边捡来的，要是你们喜欢就拿去吧。女孩坚持要付钱。

男孩对女孩说："还记得紫贝壳吗？从此以后我就是你的蚌！"女孩幸福得有些头晕，在幸福浪漫的气息里，第987粒沙滑进了水晶瓶子！

在幸福的气息中，距离到医院做手术的日子越来越近，女孩特别恐慌。她不知道手术会怎样，也不知道复明后自己会面对什么样的生活？女孩攥着那只哈贝，想给男孩打电话。但，这些天男孩好像突然失踪了，除了那每天的一粒沙。男孩的手机不是忙音就是关机。女孩开始坚信自己将是世界上最最幸福的人、跟他在一起的日子是快乐、无忧无虑的，可是这一次他几乎让女孩走到了绝望的边缘。

去医院的那天早晨，女孩伤心地在呢喃的海浪声中，把第999粒沙放进了水晶瓶子。

出院的时候，女孩的父母来接她。女孩看到一个帅气俊朗的年轻人,很奇怪地看着她。他的眼睛上有道疤痕。女孩的父母告诉她,由于医院一直没找到合适的眼角膜,所以迟迟无法给她动手术,直到这位先生捐献出自己的一只角膜……女孩说:"谢谢你。"那年轻人说:"只要你好起来,我即心安。"这声音像是穿越时空而来,好熟悉的感觉。女孩的眼泪"刷"地流了下来,是他!真的是他!男孩哽咽着:"对不起,我不该瞒着你,我怕你不同意。不要哭了,小傻瓜,医生说流泪对眼睛康复不好。"女孩擦擦眼泪,男孩亲手把第1000粒沙放进了水晶瓶……

原来爱一个人就是陪她一起看世界。女孩幸福地抱着瓶子,好多好多的沙,好多好多的爱。女孩又想起紫贝壳那个一粒沙爱上一只蚌的故事。

沙说,我的爱很痛。蚌说,我把它放入我的灵魂……

我的世界不允许你的消逝，不管结局是否完美

> 假如有一天你习惯了一个人，他也习惯了你，
> 请不要丢掉这个习惯，因为爱原本就是一种习惯！
>
> ——佚名

1

纠结了许久，女孩终于鼓起勇气干脆地说："我要和你分手！"

男孩惊讶："为什么？"

女孩说："没有理由，只是感觉好累！"

那天晚上，男孩只是静默无声地在屋里抽烟。女孩越来越失望：连一声挽留的话都没有的男人，能给我什么？

天亮了，男孩说道："怎么做，你才肯留下来？"

女孩说："问你一个问题，如果你给的答案正是我心里所想，就留下来。"

"我喜欢一朵花,如果你摘了,便会丧命,你会不会摘给我。"

男孩顿住了,脸上露出难色来,说:"明天给你答案,行吗?"女孩的心顿时凉了下来。

第二天早晨,男孩已离开。桌上有一杯刚温热的牛奶,下面压着一封信。这样写道:亲爱的,我不会去做。你知道吗?你喜欢美食,可到厨房却一筹莫展,我要留着手为你烹调出最美味的食物;你不爱走路,每次逛街回家,没走几步就嚷着要我背,我要留着双腿背你回家;酷爱旅行的你,是个小路痴,连在我们的城市都迷路,我要留着眼睛为你带路;晚上睡觉时,你总感到孤独睡不着,我要留着嘴巴给你讲故事伴你入眠。我要好好地活着,等你老了,我会牵着你的手给你带路,帮你捶背,为你剪指甲,帮你拔掉头上的白发。我要拉着你的手带你走遍全世界,带你欣赏每一个角落处的风景。所以,在你没到遇到比我更爱你的人之前,我绝不会去做寻死的事!

女孩的泪滴落在纸上,擦干眼泪,她继续往下看:亲爱的,如果这个答案让你满意的话,请你开门。我正在外面,为你准备好了早餐,都是你最喜欢的鲜奶糕点。

女孩飞快地去打开门,紧紧地抱住男孩。男孩轻声在她耳边低语:我的世界不允许你的消逝,不管结局是否完美!

2

初秋的野外,阳光透过树叶缝隙洒落地面,男孩骑着单车把铃声拨得脆响,女孩轻轻揽着男孩的腰坐在后面,幸福地微笑着。

"你爱我吗?"女孩将头贴在他背上甜甜地问。

"爱!"男孩答得很干脆。

"爱多久?"女孩又问。

这个问题没有完美的答案。她调皮地嘟着嘴轻笑道:"看你给出的答案能不能让我开心!"

男孩却认真了起来。

趁着前面是大坡要停车的机会,他举起手画了一个"一"字。

女孩看到,幸福地说:"一辈子吗!"

男孩感染了她的幸福,笑了。

一会儿,上了坡,男孩又骑上车,轻轻地告诉女孩:"没猜对。我怎么会给你这个答案!"

女孩又歪着头继续想。

"一年!"

"哈,我们已经在一起两年了,这个答案成立吗?"

"嗯……那我猜应该是一瞬间!"女孩又调皮地说。

"当然不是啦,傻瓜!"

"那就是一万年,对啦,应该是一万年。"女孩说着,满脸满足的模样。

男孩说:"一万年?这时间太短,哪儿够我爱你啊!"

"那你快说嘛!是什么吗!"女孩娇嗔地在他身后撒娇。

男孩说:"这个'一'就是,一直到你亲口对我说'不爱你,不要你'的那天……"

女孩猛然怔住了……

一直到那一天,可能是永远,也可能是一瞬间,一个绝对明确的答案……

葡萄

2012年12月份,在北京南三环附近,一只小狗遭遇了不幸,
它躺在南三环的主路上,是被来来往往的车撞死的。
但是谁也没有想到,
它旁边的三个同伴居然不顾交通高峰的滚滚车流,
忠实地守护着死去的小狗,舍不得将它丢弃。
过往的司机都惊呆了,本来匆忙赶路的车,
开过小狗时都纷纷绕行,
或者干脆停下来。
前后车辆被堵塞得水泄不通,两辆车还为躲避小狗而追尾。
平时在路上遇到堵车,所有人都会焦急,
谁都想快点赶路,
那时吵架也是不可避免的。
但是,在那一天,没有一个人埋怨,也没有发生争吵,
大家都围在死去伙伴的小狗身边,
心中有的只是感动。

只有爱才能唤回爱

> 所有敌对的开始就是一切悲剧的开始,无论任何时候,你在必须面对的时候,你所选择的态度,实际上已经决定了整件事情的走向和结局。包容和接纳就会是祥和跟喜剧,挑剔和敌对就一定会是吵闹和悲剧。既然我们已经知道了结果是什么样,那为何不选择一个好的开始呢?

在我 8 岁时,她闯入了我的生活。那时候,她总是背着其他的弟妹把好吃的偷偷塞给我。

我 12 岁,到外地上初中,每周她都步行几十里路给我送干粮。

我 15 岁,幸运地考入市里一所有名的中专学校,她眉梢总是露着喜悦并逢人就夸我聪明好学。

我 20 岁,与一位男孩坠入爱河,她热心地在背后帮我作参考。

我 23 岁,她不顾儿女们的反对,把家里所有值钱的东西全给了我当嫁妆。

我 32 岁,丢了饭碗,痛哭流涕。她拍着胸脯说:"放心,我会养你一辈子!"

我36岁，被丈夫抛弃，房子孩子都被他夺走，她四处奔走，为我找律师打官司讨说法。

我42岁之后，她老了，仿佛成了我的孩子一般，常常住在我家里不肯离开……

村里人都说我们母女情深，但她却不是我的亲生母亲。她嫁给我老爸时，已是三个孩子的妈妈，她拖家带口住到我们家，爽朗地笑着对我说："你以后也是我的孩子!"从此，我有了一个哥哥，一个姐姐，还有一个妹妹。多年来，她从不叫我大名，只叫我老三。

农忙时节，她把哥哥、姐姐、妹妹们全揪到地里干农活，唯独指派我在家里为全家人做饭，为全家人洗衣服。可我总把饭做得一团糟，她领着全家人干农活回来后，见全家人吃不上饭，便手叉在腰间把我骂上一通。

对于这样一个泼辣、粗俗的女人，我与父亲颇为不适应。她一辈子都要强，在人前从不服软。如此厉害的女人，在重病卧床时却向我服软，泪水涟涟地拉着我的手向我提及一个与吃鸡蛋有关的陈年旧事。

记得那是她与父亲刚结婚不久后的一天，她第一次煮鸡蛋给我们吃。也正是在那一天，她第一次搂我入怀，我也从心里接纳了她做我的妈妈。

当时，家里贫穷，吃鸡蛋是极为奢侈的事。那一天，她一下子煮了四个鸡蛋。孩子们都乐坏了，在餐桌上，她仔细地一个个地把鸡蛋皮剥开，每剥好一个，便会将它放在鼻子前嗅一嗅，然后眯着眼说："真香啊！"然后，再小心翼翼地将它们递到她的三个孩子的手中。她一边幸福地欣赏孩子们狼吞虎咽的吃相，一边叫骂道："吃那么快，不噎死你们！"

最终，她将那个最小的鸡蛋摔到我面前，我仔细地把皮剥掉，露出诱人的光滑的蛋白，正准备囫囵个儿地吞下去时，突然就想起我在天堂的亲生母亲。又想起她刚才嗅鸡蛋的样子，便强咽了一口唾沫，就将鸡蛋掰开两半，将一半递给她。她顿时惊愕了，用异样的目光看着我。继而又大声地朝我叫嚷："看着，蛋黄渣都掉地上了。"我惊慌失措地弯身去捡，却被她一把搂住，抹了我一脸的泪水。

从此之后，她对我好了许多，眼神也温和慈祥了一些，甚至还背着她的亲生儿女把好吃的留给我，还经常搂着我说我是她最乖的女儿。面对她突如其来的转变，一时间父亲和我都难以适应。

对于这么一个泼辣、厉害的女人施予的爱，我不敢辜负。渐渐地，在生活的磨合中，我亦开始从心底去敬她、爱她，为她洗澡按脚，为她努力上进……而她，也好似将四个孩子所有的爱都倾予我一个人身上，即便我们无血缘关系，但是在长达几十年的磨合与碰撞中，她已成为我比父亲还要亲近的人。

工作后，她的几个子女在城里的条件都比我好，而她却固执地与我挤在一个租来的两居室房子里，照顾我孩子出生，帮我把孩子慢慢带大，甚至还为我与邻居发生争执和冲突，甚至还把子女给她的钱都全部倒贴给我补贴家用。

直到她去年去世前，我一直在想：是什么让无任何血缘关系的我们如此情深？很久，我才明白：我们一直以为父母之爱是最无私的，便会心安理得地去享受它，却从未想过，它亦是有温度的。你用冰冷的心去触摸它，它亦是冰冷的；你若用热心去触摸它，它才会燃烧得更炽热。亲情是两颗心的互相取暖，而不是用一颗心去焐热另一颗心。

总有些东西，会在某个瞬间，刺痛你的一生

> 佛说，前世500次的回眸才换来今生我和你的相遇。缘分真的妙不可言，如果你相信与某人会相遇，那就会变成事实。我相信！你呢？

其实，每个生命的每个瞬间，与他人的每次相遇，都发生着令你意想不到的事情。

初秋时分，到京城去游玩。在登长城时，与一位久未谋面的朋友偶遇。他是我的初中同学，现在亦是一家房地产公司的老总，虽未腰缠万贯，但住在北京一个有名的高档别墅区，日子过得红红火火。

老同学许久未见，甚是欢喜，便相约小酌。席间，都不禁唏嘘感慨。一转眼二十多年过去，他比之前富态许多，也白净许多。我们谈及了初中时候的生活，谈到两个人如何把教室后门砸个洞，偷偷溜出去到河边摸鱼，如何在课堂上写纸条捉弄老师，如何晚上一个被窝里睡觉商量考试如何作弊，等等。这些往事，已经成了彼此生命中最值得回味和有趣的谈资，不时地惹来他旁边的妻子和儿子的爽朗的笑声。

随即，他亦开始讲述他的创业经历。初中毕业后，他曾在

北京一家建筑工地上搬过砖，和过水泥，然后又做技术工人，再到领工头，一步步地走到现在。他出身贫穷，家里有一位全身瘫痪的父亲。在很小的时候，他就要强。我对他说，当时家里条件那么不好，你一个人扛起家庭重担，一步步走到今天真是不容易啊。

他听罢，朝我笑了笑，说，如果仅仅因为这个，我走不到现在。我今天取得的一切，其实和你密切相关。

我顿时一愣，他说，你记得初中毕业后到学校看榜单的那天吗？我想了想，点点头说，似乎记得一点。他说，也就是在那天，让我下定决心，一定要到社会上混出个人样来。

我更不解了，疑惑地看着他。他说，那天，你考上了县重点高中，而我的分数都不够上一所职高。那天，我沮丧极了，同时也为你高兴。我在回家的路上，看到了你。我们隔着一条马路，想和你一起骑车回家。你正和几位同学一起有说有笑，我喊了你一声和你打招呼，可是，你却没有搭理我。我又接连叫你几声，你仍是看都没看我一眼。我心里凉到了极点，因为你是我最好的朋友，怎么一考上高中，就变得如此冷漠。落榜，都没有带给我那种透心彻骨悲伤的感觉。

老同学说到此，眼圈有些红，原来那种委屈一直就埋在他的心底。他接着说，你走远后，我就在街边一个小角落痛哭了一场。我顿时明白，一个人在落魄的时候，谁都会看不起你的，包括曾经与自己要好的兄弟。我抹干眼泪，狠狠下决心，将来一定要出人头地，决不能再让任何人瞧不起。一眨眼，二十六年过去，那时候的情景让他至今都历历在目！

听到这些,我目瞪口呆!我压根儿不知道二十六年前的那一幕,于是赶忙向他解释:那一天,我真的没有听到,也没有看到你……

那晚,他喝了很多酒,白的、啤的,一齐上阵。喝完后,他便哭了。四十出头的人了,泪涕滂沱,我和他身边的妻儿也跟着一齐掉眼泪。未曾知道,一次不经意的擦肩而过,竟然会对一个人内心产生如此大的影响。

每个人的一生都有无数个瞬间,我们在不经意的某个瞬间会无心刺痛一个人,也能成就一个人。前提是,那个人足够在乎你!

十二天

> 从我遇见你的那一天起,
> 我就在心里恳求你,
> 如果生活是一条单行道,
> 就请你从此走在我的前面,
> 让我时时可以看到你;
> 如果生活是一条双行道,
> 就请你让我牵着你的手,
> 穿行在茫茫人海里,
> 永远不会走丢。
>
> ——电影《山楂树之恋》台词

为做一回母亲,她是拼尽了性命的。

她的命原本就是从死神手中夺回来的。几年前,她24岁,如花的年纪,当别的女孩都笑靥如花地享受爱情的甜蜜时,她却面容蜡黄,身体清瘦,像寒风中摇曳的一株秋菊。起初没什么感觉,后来,腹部竟然慢慢地像发面馒头似的鼓胀起来,到医院确诊:原来是肝脏出了问题。

医生建议,要马上进行肝脏移植,否则命不长久。好在她运气不错,几经周折还是找到了合适的肝脏供体,手术进行得很顺利,度过险滩,她的命保住了。

身体完全康复后,她与心上人喜结连理,初为人妻。一年后,她怀上了宝宝。孕育生命,本是一件令人喜悦的事,但对于肝功能不好的她来说,绝对是对自己生命极限的一种挑战。一旦出现肝脏衰竭,死神将会与她再次牵手。这一切,她都明白,但是她真是太想做母亲了,无论付出什么样的代价,她都在所不惜。

几个月后,经医院检查,发现腹中的胎儿心跳频率很慢,而她身体的一系列并发症有可能会导致胎儿猝死。医院立即给她做了剖腹产手术,一个体重仅2公斤的脆弱的小生命诞生。虽然无明显的疾病,却不能自主呼吸,随时可能出现脑部损伤以及肺出血,只好借助呼吸机来维持生命。

而这一切,她都一无所知。因为她能否安然从死神手里挣扎出来,还是个未知数。她躺在病床上,嚷着要看孩子,丈夫和医生都谎称,孩子早产,正在特护病房监护。

看不到孩子,她天天催着丈夫替她去看。丈夫回来,她会没完没了地问个不停,儿子长得怎么样,和自己像吗?还说孩子经常会在自己的梦中出现。

一周过去了,她渐渐地好起来,每天一睁开眼便吵着要去看孩子。但孩子危在旦夕,情况没有一丝好转。如何是好?医生和丈夫都束手无策。如今再也说不出什么理由不让她去看孩子了。但愿,她能坚持下去。

到了第八天,她在丈夫的搀扶下来到了特护病房。孩子静静地躺在氧气舱里,皱巴巴的,皮肤青紫的儿子浑身插满了管子,她失声痛哭。在场的所有人都不知道该如何安慰这个伟大的母亲。

她轻轻地打开舱门,伸手去抚摸孩子幼小的小脚丫和小小的身躯。轻轻地,她像抚摸一件爱不释手的稀世珍宝一般。那一刻,空气仿佛也凝固了。母爱真是伟大而神奇的,奇迹出现了。出生后一直昏迷的小婴儿,竟然在母亲温柔的抚摸下第一次睁开了眼睛。医护人员欢呼雀跃。那个几天来一直为儿子揪心,一边又只能在妻子面前强颜欢笑的男人,此时此刻,泣不成声。而她则是痴痴地与儿子的目光对视。

第九天,小男婴终于脱离呼吸机,生命特征渐渐地恢复。

第十一天,小婴儿从每次只能喝2毫升牛奶,发展到可以喝下60多毫升奶。而且他的皮肤也开始呈现出粉红色,自己会伸懒腰、打哈欠,四肢开始活动自如,哭声也开始洪亮。

第十二天,她抱着这个幼小的生命——她用生命和爱换来的孩子,平安出院。当天,各大媒体开始争相报道她的事迹:中国首例肝移植怀孕并生产的妈妈今日康复。这样的事迹只不过是报纸一角,仿佛与我们的生活无关,但是又有谁了解,在这个生命背后,是一个母亲所创造的生命奇迹。

来生，请你不要再爱我

> 青春会逝去，爱情会枯萎，友谊的绿叶也会凋零。而一个母亲内心的希望比它们都要长久。

　　30年前，守在产房门口一心盼孙子的祖父、祖母听说你生下的是个女孩，看都没看一眼转身就走。你是解开襁褓为我换尿片时才发现异样的——我的左脚内勾着，左腿明显比右腿细。你慌乱地喊来医生，医生看了一眼，淡淡地说，先天残疾。一直冷着脸坐在一旁的父亲甩手而去。那一夜，你的泪水浸湿了我的小脸。我不谙世事，兀自睡得香甜，全然不知我们已经踏上了一条无常的命运之舟，从此苦海沉浮，茫然四顾，唯有彼此可以相依。

　　家境颇好的父亲家庭几代单传，他们逼你扔掉我，你不肯，拼死保护。原本就不太同意你们的婚事的祖父、祖母逼你要么选择婚姻，要么选择孩子。而你，哪个都不舍，两个都是你的半条命。许是不忍，许是尚有一丝温情，父亲说了话，大小是条命，既然投奔我们来了，就留下吧。你喜极而泣，抱住年轻的父亲，说欠你的情我用下半生来还。父亲扭过脸，说再生个儿子最为当紧。

满月后，你就抱着我四处求医，得到的都是否定的答案。你流尽了几乎一生的泪，哭过之后，还是不信，将来花儿一样的女儿会是个瘸子，抑或一生都不会走路。最后，是一位老中医指点迷津，建议用针灸、按摩试试，或许有效。你像着了魔似的，工作之外的所有时间都用来带我去看医生，所有的钱除了维持家用外，都用来为我看病，甚至不惜四处求借。父亲不止一次在饭桌上摔碗，嫌伙食太差。你就做两份，好一些的那一份给我和父亲，另一份差的自己吃。

直到3岁我还不会走路，站起来就摔跤。而你，或许是太劳累，太焦虑，迟迟怀不上孩子，父亲及家人的脸色越来越难看。那个黄昏，你带我从中医院出来，无意间看见父亲正和一个女人亲亲热热地走过。回家，你问起，父亲竟朝你发脾气，把你推倒在床边。我哭着爬过去，拿手中的玩具打他。父亲将我推到一边，甩手而去。你抱起我，痛哭流涕。

那时我并不记事，这些都是长大后听你说起的。你说，正是我当时的表现给了你勇气，在父亲提出分手时，没有半点犹豫。你说，一个连自己的孩子都不爱的男人还有什么可留恋的。

我5岁那年，你们正式分手，除了两间空荡荡的平房和被父亲一家称作累赘的我，你一无所有。你抱着我，说咱母女俩要相依为命了。望着父亲远去的背影，我问你，爸爸去哪儿了。你说他去了很远的地方，再也不回来了。我拍着手欢呼，好啊好啊，他再也不会凶妈妈了。你的泪一滴滴落在了我脸上。

你在商店上班，没钱雇保姆，上班时就用绳子拦腰将我拴在桌子腿上，周围摆好水和食品，还有那些廉价的小玩具。自小我已经习惯了独处，不哭不闹，一个人静静地玩，许多时候就那样在地上睡着了。那次，你回来，发现水杯里是黄澄澄的液体，我骄傲地告诉你，我喝完水后把尿撒在了杯里，那样妈妈就不用擦地板了。你笑出了眼泪，抱住我使劲亲。

你打听到一个盲人按摩师技术很好，就带我去。你买了一辆二手小三轮车，每天天没亮就把我喊起来，从城市的北区骑四十多分钟赶到南区的诊所，往往出家门后不久，我就又睡着了。而回来时，街上依然行人寥寥。你匆匆安顿好我，再赶去上班。晚上，你还要教我读书写字。一年三百六十五天，风雨无阻。你感动了按摩师，他少收了我们不少按摩费。

也许是我们感动了上苍，在7岁那年，我居然能站稳了，而且迈出了平生第一步。你喜极而泣，抱住我说，妈妈一定要让你跟别的孩子一样，我就不信了。"我就不信了"是你的口头禅，就是因为你"不信"，我这个被判定无法站立行走的孩子，才有了人生的新开端。

9岁，我已经能蹒跚行走，你将我送进学校。你说，只有读书能实现你所有的梦想。我永远记住了这句话。可是，我手足并用才能爬上二楼的教室，面对同学们的嘲笑，我闹着不肯去上学。你火了，平生第一次打了我，然后带我到附近的居民楼，逼我去爬。那段时间，一到星期天，一个手足并用的小女孩就会出现在楼梯上，奋力地向上爬啊爬……

你拼了全力，只为让我和别的孩子一样，能跑能跳，不再残缺。许多人看你那么辛苦，都劝你再找个人嫁了，一起分担今后的人生。

你不是没有动过心，在瓢泼大雨中，我跌进水沟的时候；在厚厚的积雪覆盖路面，你再也无力载我前行的时候；在那些你瘦弱的双肩无法扛起的突如其来的事情面前……但最终，你还是抱起了我。

15岁，我的腿虽然跛，但已经能自己骑着自行车去做按摩，不再用你陪了。我会在做完功课后，做好简单的晚饭等你回来，会在家长会上以优异的成绩令你扬眉吐气。

那一年，你下岗了，辛苦打两份工为我赚学费。后来，你在市场摆小摊卖袜子。我每次去帮你都招来呵斥，你要我心无旁骛地学习，考大学。你说妈除了给你温饱之外，给不了你更多的东西了，其余的你要自己争取。20岁，我考上大学，那条残腿，除了微微有一点跛之外，已经看不出异样。我梳着高高的马尾，在你身边蹦跳，足足高出你半个头。你常常望着我出神，喜不自禁，说：我的女儿，果然像花儿一样。

上了大学，业余时间我去打工挣学费，将平生第一次挣的钱寄给你，给你打电话说，我能挣钱了，你再不用那么辛苦，把小摊收了吧，我来养活你。你笑，妈还没老呢，妈要再干几年，给你攒一份体面的嫁妆。我在电话这端哽咽了。

我走之后，怕你一个人寂寞，劝你找个伴儿。你总是摇头，说年轻时都没找，老了就不再动这个心思了。"这辈子就咱母女俩相依为命啦。"一句话，扯出我心里无尽的苍凉感，后半生，我要怎样爱你才够呢？

我在大学交了男友，你看了不置可否。而我因为是初恋，不管不顾忘我地爱着。毕业时，他要我留在他南方的家乡，我放不下你，毅然回来。很快，就传来他有新恋情的消息。深夜，我爬上楼顶看星星，你悄悄地跟了来，陪我坐着。你说，如果难受就哭出来吧。我没有眼泪，因为自小你就说过哭没有用，丝毫改变不了什么，何况是一颗移情别恋的男人心。

你小心翼翼地说，其实他不适合你，逛街不懂得替你拿包，你鞋带松开了那么久他都没发现，说明他心里不在乎你，这样的男孩子跟了他也不踏实……经你这么一说，我才忽然发现，原来你当时的沉默只是不愿伤害我。

我应聘进了外企，成了白领一族。那么多暗送秋波的男子，只有一个听我说起与你的过往时落了泪，他停下为我挑鱼刺的筷子，握着我的手说：让我和你一起照顾你的妈妈吧。那一刻，我觉得整个春天的花都开了。

看我披起婚纱，你说，我的丑小鸭终于变成白天鹅了。你把我交到他手里，说，我的宝贝，交给你了。他的眼圈红了，妈妈，今后你和她都是我的宝贝。那一刻，你落下了二十多年来我不曾见过的眼泪。

而今，我也即将有自己的宝贝，终于体会到你那种拼尽全力的爱。这一生，你把能给的爱都给了我，再也无力爱别人，包括你自己。灯影里，你的白发让我触目惊心，任我怎样阻挡，它们也不停下袭向你的脚步。

我想对你说，妈妈，如果有来生，如果可以再作一次选择，请你一定不要再爱我。

真爱没有合不合适，只有珍惜不珍惜

> 我已经很久没有坐过摩托车了，
> 也很久未试过这么接近一个人了，
> 虽然我知道这条路不是很远。
> 我知道不久我就会下车。
> 可是，这一分钟，我觉得好暖。
>
> ——电影《堕落天使》台词

刚搬进这个房子的那天，她整理完全部的东西，最后拿出一个非常精致的玻璃瓶，对他说道："亲爱的，三个月内，你让我每哭一次，我就往里面加一滴水，代表我的眼泪。要是它满了，我就收拾我的东西离开这房子。"

男人不以为然，有点纳闷："你们女人也太神经质了吧！就这么不信任我吗，那还有什么可谈？我让你搬过来和我一起生活，是为了照顾你，不是欺负你的！"

女人说："好男人不会让心爱的女人受一点点伤，我会记录下我为什么流泪，不会是莫名其妙的。"

"那好吧，抱抱！"

两个月后，女人把那瓶子给男人看，说："已经满一半了，在两个月内，我们是否有必要查看一下是什么问题呢？"说完递了一本精致的小笔记本给男人。

男人没有马上打开来看，他的表情里有一丝惊讶，还有点哭笑不得的意味，似乎没有想到女人的眼泪可以这么多，盛得这么快，又觉得女人是小题大做了，但是很可爱。

他打开本子开始看，惊讶女人怎么写了那么多。男人一边看着，女人一边说话："第一次吵架，是在第三天，而且还是一大早，你刚醒来有点懵懂，挤的牙膏不知道怎么飞到镜子上了，那是我刚擦干净的，我说你连挤牙膏都不会啊，你就来脾气了，然后吵起来……"

男人沉默着。女人继续说："有一天晚上我让你帮我洗一下那几件衣服，因为水太凉，你只顾着玩游戏迟迟不肯动，后来吵起来，我很失望你忘记了我的生理期不能碰冷水，委屈……"

"还有一次，我很累了，你还不肯去洗澡睡觉，明明知道我特敏感，有点神经衰弱，哪怕一点点敲键盘的声音都能让我难以入睡，我一情急就说了你这个人自私的话，我们吵起来，你说了一大堆辩论自己不自私自私的人是我的理论之后，甩门出去上网通宵，我打你电话你没拿，我又不敢自己一个人去找你……"

女人这时候有点激动了，眼球开始泛红，说："还有一次……"男人打断了她的话，"亲爱的，别说了……"

沉默……长久的沉默……

还是女人打破了沉默:"是不是我们真的不合适?如果是这样,结婚了还是会离婚吧?我们的个性都那么强,谁都不肯退让。"

气氛有点尴尬。

本子里记录的事情都是那么细小的事情,每次吵架的原因都是那么的简单,男人看着这本子,似乎在体会着女人的心情,大男子是不会去计较这些小事,原本觉得每次和好之后都没事,女人就爱拿这些来说事,但是当他认真去看的时候,他也开始难过了,女人很细心,把事件、心情都写了,还自己总结了一下原因。原来最微小的事情累积起来是很让人痛苦的,他看得出,女人从失望慢慢变成绝望。

他想,大概是因为每次吵架,两人都是喜欢在吵架中找出对方不爱自己的证据。他突然意识到,这是个很严重的问题!而且每次吵架,双方不是在心情不稳定的时候,就是还有别的烦心事的时候,把不好的情绪带进了两个人的生活里。

"亲爱的别难过……"男人终于说话了:"我请个假,我们去旅游吧。"

他们去了第一次一起旅游的地方,太多美好的回忆被唤起,原来彼此是那么深深地爱着对方,这时的女人特别温柔,这时的男人特别体贴。

"亲爱的,你还认为我们结婚的话,会离婚吗?"男人问。

"我想不是我们不合适,像现在,我们是那么快乐,一切都那么美好,可是一回到我们的现实生活里,为什么就变了呢?"

"亲爱的，难道我们现在不在现实里吗？"

"……"女人愣了。

"因为那时候我们都把注意力集中在负面的事物上并且放大了那些负面的心情。并且喜欢找对方不爱自己的证据，然后彼此个性都很倔不肯服输太要面子。"

女人觉得确实是如此，原来，双方只是需要一点点忍让，一点点包容。男人带她回顾这初次旅游的地点，是真的用心了，想起那时候他们在一起还不久，为了让对方觉得自己好，都表现出自己最好的一面。

"还有半个月，如果那瓶子还是半瓶，那么，亲爱的，嫁给我吧！"

女人钻进男人怀里笑开了颜。

后来他们结婚了。很少再吵架。如果粗心的男人不小心碰掉了杯子，女人不会再开口就骂，因为在女人开口之前，男人已经在道歉，说对不起，都是我不小心的，赔两个给老婆！老婆尽管去选你喜欢的！女人就笑了，然后说，不用买啦，反正还有杯子，再说也不都是你的错，怪我自己没把杯子放好，让你碰到啦！

原来真的没有合适不合适，只有珍惜不珍惜，能一起走，一起进步，是幸福的！

芒果

老鼠向猫表白。
猫拒绝。
老鼠上前拥抱后转身离开。
却不知猫已双目泪下。

没有人会在原地等你

> 只爱自己的人不会有真正的爱,只有自私地占有;不爱自己的人也不会有真正的爱,只有谦卑的奉献。如果说爱是一门艺术,那么,恰如其分的自爱便是一种素质,唯有具备这种素质的人才能成为爱的艺术家。如果你爱我爱得很累,那么,请以恨的方式来爱我,这样你会轻松点。若真爱,遍体鳞伤又如何?飞蛾扑火又如何?

在青葱的年纪,他和她同一天到同一所大学报到。

他们都来自农村,到大学时,他口袋只装着不到一百块钱,而她只穿着母亲亲手做的衣裳。那时他们共同约定,将来一定要在这座繁华的城市扎根发芽。

没有玫瑰、巧克力,但两个人心中的幸福感却是满满的。他们坐在校外的河边,用诗歌表露心迹,抒发情感。他随手折了细嫩的柳树枝,编成戒指,套在她手上。她笑着说,真好看。后来,那个戒指一直被她珍藏着。他承诺将来毕业工作了,一定给她买钻的。她羞涩地点点头,相信他的话是真的。大四那年,她怀了他的孩子。

那个年代,校风极为严格。但她觉得爱他,就应该生下他的孩子。几个月后,学校便严查此事,她一个人担下了全部的责任，说一切与他无关。两个人的前程，不能全被毁了。她想让他知道，为了他，她可以放弃一切。离校那天，他信誓旦旦地对她说："我毕业后一定会娶你，你先回老家委屈一段时日。"

她回到老家，他也信守承诺，一周一封信。毕业后，他果真留在了北京，而且在一家事业单位工作。有同事看他很是上进，便有意给他介绍女朋友。女孩子是北京人，父母是大学教授，条件很好，人也漂亮。那时，他对她动摇了。

是啊，她是农村人，大学未上完就早早地生了孩子，未来还有什么可指望？她生孩子时，给他发电报："此时，真想你能在身边！"而那时的他已经决定放弃她。

他回去后，孩子已经是半岁。看到敞着怀给孩子吃奶的她，有些惊愕。蓬头垢面、衣服上沾满了饭渍，他有些失望，与京城那个美丽的女孩子真是天壤之别。她看出他眼中的惆怅和失落，也看出了他的迟疑，便说道："我知道你不方便，你独自回京吧，我和孩子决不做你的累赘。"他感到羞愧万分，于是，他拿出一沓钱，塞给她，并向她扯了谎，说自己要出国，不知何时才能回来，请她不要再等待。

他回到京城，就与那女孩展开了新的恋情，开始了全新的生活。他把过去的一切都统统抛掉。一年后，他与对方结婚了。而她则给他打电话干脆地说："我找到新的意中人了，不用担心我，我们缘分已尽。"

他悬着的一颗心终于放下，从此开始慢慢地融入这个城市。有时候，在夜深人静的时候，他良心上也会受折磨。经常在梦里看到她泪汪汪的双眼，一遍遍地质问他："你不是说要娶我吗?"醒来时,一身的汗水。回到现实,他又松了一口气,还好她已有归宿,不会再是自己的麻烦了。

婚后三年,他果真被外派出国。他将她渐渐淡忘,因为他现在的太太很是霸道、任性,是绝容忍不了他在外还有一个孩子的。

几年后,他的太太还是背叛了他,与一位美国人结婚,他独自带着女儿回了国。幸好他的事业发展得不错,不久成为了一家外贸企业的老总。如今,孤身一人的他,想的最多的是她。但每想到与去对她的种种,他知道,自己亦无资格再去打扰她。

终于,有一天他回到了老家,很想打听关于她的消息。

她在当地的卫生局上班,亦如当年那般清秀。他以为她会痛哭,但她却对他报以浅浅的笑,只云淡风轻地问:"回来了?"仿佛一个许久未见的朋友般。她去大厅给他倒茶,他随意在她的办公室里观看,无意间看到书柜的角落上放着当年她一直珍藏的小盒子,打开一看,里面安放着那枚柳条戒指。他内心像被什么刺到了一般,没想到这么多年,她还一直保留着它。

她淡淡一笑说:"这是我第一次收到戒指,所以一定要珍藏。"

"那……你丈夫……没过问过?"他注意到她的手指上,根本没戴戒指。她仍低头摆弄凌乱的文件,平静地说:"我没结过婚!"他震惊。她继续说:"当年只是为了让你安心,所以才打电话说要嫁人的。这一辈子我亦爱过,付出过,再无遗憾!"他惭愧万分,在她面前失声痛哭。

她平静地递给他纸巾，说："去看看你的孩子吧！"

儿子已经16岁，正考高中，长得挺拔英俊，亦如当年的他。他想过去，却被她拦住："还是不要吧，孩子心里，他爸爸早已不在人世了。我一直告诉他，爸爸曾经很爱很爱他。"他内心像刀绞一般，轻轻问："能给我个机会，让我好好爱你们吗？"

她平静地微笑："不可能了！你知道，没有人会一直在原地等你，我早已不会爱了。现在心中除了孩子，再也装不下他人。"那一刻，他才明白什么是此情可待成追忆。

她把他当成好朋友，带他去看小城的风景，亲自下厨做家乡的特色菜给他吃。但一切都已落幕，与爱情无关了。

他走时，她偷偷地在他包里放了一沓钱，是当年他给她的。

上车时，他说，这一辈子，都对不起你。她轻轻一笑说："人到中年了，好好过日子吧。我从未恨过你，谢谢你曾经爱过我。"在车上，他抚摸着儿子和她的照片，泪如雨下。此时，他才真正明白，什么叫作一诺千金，什么叫真心相依。

可是，明白了又怎样，他是真的错过她了！

总有一天，你会对着过去的伤痛微笑

> 我们不合适，你配不上我，知道为什么吗？
> 不是因为你伤了我自尊心，
> 而是因为我可以为你妥协，放弃原则，鼓起勇气，
> 而你却不肯为了我做任何事。
> 本以为你是一场美梦，没想到竟是一场噩梦。
>
> ——电影《继承者们》台词

她和他是在中学时相恋的，那时，他们彼此都认定，这辈子除了对方，没人可以替代。

结婚四年，小日子虽然过得不富裕，但她觉得幸福十足。他在一家保险公司做销售，她则在一家服装店做导购。这几年，为了支持他的事业发展，她几乎包揽了家里的所有事情。洗衣、清洁，包括照顾公公婆婆，她从不让他操心。她做得一手好菜，老公最爱喝她熬的汤，排骨炖海带，鲫鱼萝卜丝，青椒小炒肉……每次下班回家，他喝得肚儿圆圆的才放下碗。看到老公简单满足的微笑，她觉得，自己是世界上最幸福的人。

那一天，老公下班回家，吃罢饭，便去洗澡。

她坐在沙发上看电视。一会儿，"嘀嗒"一声，是老公手机的短信声。手机就放在她面前的茶几上，她本能朝上面瞅过去，一行字映入眼前："昨天分开后，我一直都在想你，你……"后面看不见了，发短信的是一个署名"媚儿"的。好甜的名字，她的心像被揪住了似的，隐隐地疼痛和慌张！

她是那么地信任他，觉得这一辈子全世界的男人都会出轨，就他不会。他正在洗澡，哗哗的水声，都盖不过她的心跳声。等老公洗完澡出来，她早已经关上电视，进了卧室。

一会儿，老公拾掇好进来，她像没事人似的，和往常一样平静地冲他笑。

半夜，她起床，拿起老公放在床头柜上的手机，独自一人到洗手间给那个叫"媚儿"的回了短信："明晚八点半，市中心电影院门口见。"

第二天，七点钟，她借故打车出门，素面朝天，一身白色家居服，是一个极普通的家庭妇女。

她到电影院门口，刚下车，便看到一个20岁出头的女孩站在那里，高挑个儿，长相清秀，一头乌黑的长发，与她的名字"媚儿"一样迷人、惹人心疼。她躲在墙角，看着他的小情人左顾右盼地打完电话匆匆离去，而她也失意地往回走。

她像丢了魂似的，走在那条铺满落叶的路上，任凭脚下发出叶子破碎的声音，回想起与他在一起的点点滴滴，她泪流满面。

整个晚上,她都没有回家,去了一家酒吧。喝掉很多酒,她想起在中学时与他第一次牵手、拥吻的甜蜜情景,又想起七年后他的背叛……她第一次喝这么多酒,头昏脑涨,在回家的路上,吐了个天翻地覆。

天蒙蒙亮时,她踉跄到家。打开门,他呆坐在沙发上,听到她回来,忙上去搀扶。她一把推开他,对他说:"之前就算过去了,如果再有一次,我们就分开。"说完,她狠狠地关上房门,算是对他的警告。

之后的一个月,他果然晚出早归。那天中午,她做好了可口的饭菜,打车到他单位。刚下车,就远远地看到他从单位大厦走出来。只见他匆匆忙忙地进了一家咖啡厅的包厢,她便拎着餐盒立在大门口等。半个小时后,他又与那个女孩并肩相拥而出,有说有笑,很是快活。

她再也无法承受,饭盒掉在地上,喷香的饭菜洒了一地,还冒着热气,是她亲手为他炖的排骨海带汤。她跑到墙角,蹲在地上,抱头痛哭。她默默地抬起头,看着橱窗里倒映的那个女人:肤色黯黄,一束凌乱的头发潦草地扎在脑后面,臃肿的身材"盛"在暗黄色的水桶裙中,脚上穿了一双很随意的白色旧的凉鞋,这些颜色混搭起来,很不美观。

这些年来,她为他操持家务,做饭、洗衣,什么都做得好,唯独忽略了自己。年轻时的她,本是一个眉清目秀,毫无烟火味,瘦弱腼腆,不染尘埃的淡雅的女子,与当下的她完全是两个不同的模样。她呜咽着,心头像堵了块大石头,觉得自己就是个失败者。

回到家，她打一盆温热的清水，洗净泪痕，化了妆，换了时髦的时装，完全还是个美人。随后，她又翻开本子，用漂亮的字列出一张新的生活计划表。她从此不再为他朝九晚五煲汤、做饭、洗衣。早上吃包子、喝豆浆，晚上和同事一起做美容、练瑜伽、学化妆，然后在西餐厅吃个饭。周末，她请小时工做家务。报了一个平面设计班，又学习素描画。她的生活焕然一新，每天都兴高采烈。他也发现了她的变化，很是鼓励，同时也让自己有了更多的自由和空间。她对他隐忍不发。

　　同枕共眠，她几乎睡在床沿边，面对另一边的他，她的身体是僵硬的。每当想起与他在一起的细节，她的内心满是屈辱和悔恨……但她把泪吞进肚子里，只按照自己的生活节奏活着。就这样经过深秋、寒冬，已经是春天了。失败的婚姻，可以让一种女人变得丑陋，却可以让另一种女人激发出美来。她的气色好多了，已经能独立设计出自己满意的作品来，素描画也画得让众人称赞，她有点底气了。

　　在 27 岁生日那天，她到商场给自己挑了一件薄薄的灰色羊绒衫，一件白色的呢子外套大衣，烫了漂亮的波浪发型卷，化了淡妆，优雅地坐在沙发上。他下班回来，她把离婚协议书签好递给他，提着箱子潇洒地扬长而去。

　　他措手不及，目瞪口呆。她什么也没带走，除了几件衣服、日用品和一张 10 多万元的存折。价值几百万的房子、车子，包括那个刚刚升任部门经理的男人，她都放弃。她容忍不了如此不信守承诺的男人。

当天，她又辞去了导购的工作，到了一家大型的广告策划公司，从普通员工做起。尽管收入不高，但这是一个新的起点，她有足够的时间和动力去挑战新的工作。熟练的设计、优雅的衣着，卓越的能力，都为她加分。28岁，她开始慢慢地升职加薪，一直到设计部总监。四年后，32岁的她拥了自己的一家广告公司。她开始与一位位追求自己的、优秀的男士约会，独享爱情带给自己的美好。其中，有一个有留美背景，家道殷实的男士，欣赏自信独立的女人，对她展开了猛烈的追求。他听说了她的前一段婚姻，非常认真地说："如果不爱你了，会直接说明，决不会隐瞒。当然，只要你永远可爱，我对你绝对忠诚。"她微笑着点了点头。

他送给她的第一份礼物，是一张CD，来自爱尔兰的光头女歌手西尼德·奥康娜，素以特立独行闻名。她一听倾心……她从前是被庇护的，现在是被尊重的——这才是真正成熟的爱情吧。

谈婚论嫁之后，他们去一家知名首饰店挑戒指，居然碰到了她的前夫。他仍然和那个年轻女孩在一起，正为什么而争吵，女孩一气之下甩手而去，而他苦恼地抬起头时，碰上了她温和的眼神。

他一阵刺痛，举止也局促起来。这简直就是电视剧里的桥段。她若无其事地微笑，为彼此作介绍。她的未婚夫向她的前夫伸出手去，真诚地说："谢谢你，把这么好的女人让给我。"

后者的脸红透了。谢谢你曾经的伤害，才让我如此坚强，找回自我，活出自己的漂亮来。

如今的她，仍旧喜欢听奥康娜唱的一首歌：Thank you for hearing me:

"Thank you, thank you for helping me。
Thank you for breaking my heart。
Thank you for tearing me apart。
Now I'm a strong, strong heart……"

"……但我可以把我的借给你……"

多年后他伤透了她的心。

她决定在告别前和他再来到这个河堤。

她问:"如果我的鞋子掉下去了,你会帮我捡还是会把你的鞋子借给我?"

他说:"都不会!"

"……"

"我会背你!"

4

"我懂微表情,我可以从你的表情的反应中看出来你是否在说谎。"

"真的?那就试试吧!"

"好,你说,我猜!"

"我喜欢吃咖啡味的牛肉饭。"

"实话。"

"我很擅长写故事。"

"实话。"

"我已经在对面的蛋糕店观察你许久了。"

"实话。"

"跟你交谈,我真的很开心。"

"实话。"

"我知道你现在单身。"

"说谎,不过我的确是单身。"

"我喜欢你很久了。"

"实话。"

5

他只要一闲下来，就会用纸叠心形的折纸，见到她就给她。这个习惯持续多久了？连他自己也记不清楚。

突然有一天，她在电话里说："今天有收废品的过来，我问了价钱，然后把你送我的折纸都卖掉了……"顿了顿，"刚好九块钱，等下你打扮打扮，我们一起去民政局领证吧"！

6

星期一，她跑到他面前："你哥今天早上上学迟到没有？"

男孩子点头。

星期二，她又跑到他面前问："和你哥昨天在一起的那个女生是谁啊？"

他皱眉头说："是我表妹！"

星期三，星期四，足足三个星期，她每天都会向他问他哥哥的事情。

终于有一天，他忍无可忍："够了，你如果喜欢我哥，就问我哥去，别总问我，行吗？"

女孩子掩泪而奔，事后，他为他发那么大的火而后悔，于是便拿起电话给她打了过去："今天对不起了，我情绪有些失控！"

她便弱弱地说："没事，我不该总这么麻烦你的。"

他"嗯"了一声准备挂掉电话，她的声音又传来："我只是想了解你哥哥是不是好相处，因为我想跟你在一起！"

7

不久前她跟他说,他今天写了情书给我耶!

他回答,哦。

她跟他说,他今天第一次约我耶!

他说,哦。

她跟他说,他今天亲了我耶,我好开心!

他说,恭喜你。

她跟他说,他今天终于向我求婚了,我好激动!

他说,祝福你。

不久后她跟他说,他今天写了情书给别的女人了。

他说,嗯?

她跟他说,他今天约了别的女人了。

他说,不会吧。

她跟他说,他今天亲了别的女人了。

他说,然后呢。

她跟他说,他今天终于向那个女人求婚了。

他说,那我们结婚吧。

8

女孩喜欢男孩,所以喜欢上男孩喜欢的魔方。男孩魔方转得不错,最好还原时间22秒。

男孩有很多追求者,并且一直宣称自己是单身主义者,所以女孩不敢告白。

但女孩还是以男孩最好朋友的身份,有私心地霸占了男孩最合手的魔方。

男孩没反对，只是说至少要练到比他快。不用多，一秒就够。

女孩疯狂地练习。

终于有一天，女孩做到了。但魔方却在复位的一瞬间爆棱了，碎得彻底。

而也是在那一瞬间，女孩看见某个棱快上写着小小的字："21秒，爱你。"

9

"我都说了你不要离我太近，不然你要受伤。"他说。

"我只是想抱抱你。"她哭红了眼。

"傻瓜，不过这下我们终于可以在一起了。"他轻轻吐出一口气如释重负。

"爸爸，爸爸。蜡烛的火灭了，还烧死了一只飞蛾呢。"

屋里。一个小男孩像发现新大陆一样兴奋。

10

她的那个他，有了新欢。

但她还是没有把他拉黑，甚至还加了他的新欢。

每天看着他们的情侣网名，情侣个性签名，心里早已经麻木了。

后来，她发现他的情侣网名改掉了，那个男的又回头来追她！

她直接拉黑了他，淡淡微笑。

11

听说薄唇的男人都很薄情呢！

她把这句话发给他!

他看了看说,都是胡扯的。

结果第二天,她发现他的嘴唇比以往厚了点!

问他:你怎么了?

他笑着说,搓了一个晚上,才肿了点!

她却哭了,但是心里很开心。

12

分手第十天,他听见她在他家楼下喊他。

打开门,吃惊地看到她居然穿着婚纱。

她说新郎跟一个男人跑了,而他也没来参加她的婚礼。

他苦笑,前男友来参加婚礼一定会很尴尬的。

她狠狠骂道,你脑子进水了吧。说完,把他按倒。

半小时后,她为他换上了帅气的黑色西装,一起步入结婚礼堂。

13

他们恋爱三年后分手。

从那以后他的 QQ 签名从未改过:你的梦想那么大,我却离得那么远。

她忍不住问他:你的梦想究竟是什么?

他微笑:以我之姓,冠你之名。

14

月圆之夜,族人都围在火堆旁,载歌载舞。

后羿却独自坐在一边,仰望天空。

一年轻猎手不悦，上前问道：昔日大王射日，那是何等威风，现在为何不射下月亮，非要年年对着它空相思。

后羿将头转过一旁，也不看他，只是淡淡说道："我怕射落月亮的时候，摔疼了她。"

一度温暖，一百度爱情

> 我一直在寻找那种感觉，那种在寒冷日子里，牵起一双温暖的手，踏实向前走的感觉。一生一世的牵手，多么温暖，从青春年少到步履蹒跚；从红颜到白发，在彼此默默注视中慢慢变老，还有什么比镌刻着岁月冷暖的这份情更珍贵呢？

他并不富裕，与她刚结婚时就住在破旧的老屋里。她从北方城市来，习惯了北方冬天房子里的暖气，随他到这里，房间冰冷，四处漏风，没几日，她便大病一场。他守在她的病床前，心疼得一句话也说不出来。

她病好后，他就习惯了每天晚上睡觉前为她端来洗脚水，热腾腾地冒着水气，然后拉着她的脚放在水里，帮她洗着搓着，小心翼翼地，好像洗的并不是脚，而是一件瓷器，极其珍贵的瓷器。为她洗好擦干后，他再脱掉袜子，把脚放进已经凉掉的水里，嘴里唏嘘地说，这水可真热啊。

冬天，她每周要洗两次澡，周三和周日。他也跟着养成了这个习惯，并且每次他都执意要先洗，洗好了再叫她去浴室，那天，她想快快洗过澡后看电视剧，对他说，今天我要先洗澡。他摇头，不行，我先洗。她以为他在开玩笑，一边向浴室走去一边撒娇着说，不，我要先洗，洗好了可以看电视。他却一步冲上来，拉住她，一脸严肃，我说过我先洗！说完，转身进了浴室。

他从没有在任何一件事情上不迁就着她，唯独这次，而且是为了洗澡这么微小的事情。她在浴室外听着流水声，委屈得哭了起来。那天，她赌气要回家，并收拾了衣服，他苦苦求她，她坚决要离开他，她说，连这么点小事都不迁就我，还算什么好丈夫。

还是哄好了她，他许诺下次任何事情都让着她，不再同她争。可是，她的气渐渐消了后，他依旧是先她一步洗澡，她便也不与他计较，忘记了谁先谁后的诺言。

从冬季过渡到夏季，房子热得像蒸笼，不动也会出一身汗。不再泡脚，每晚都要洗一次澡。他反倒磨蹭起来，不是说自己要看足球，就是说自己要看新闻，总是让她先洗，便又颠倒了顺序，每天都是她先洗，然后才是他。

后来，他的弟弟准备结婚，买了房子，同样没有暖气，让哥哥、嫂子去新房子看看。他首先进了浴室，左右看了看，对弟弟说，新房就是比老房子好，虽然没有暖气，却也不会进风，不过你要记住，女人怕受凉，冬天洗澡，你要先洗，洗过以后，浴室的温度就会上升，我试过，至少也能上升一度呢！弟弟笑，哥你可真细心，那夏天呢？夏天是不是一定要让她先洗，这样会比后洗的人凉快一度？他拍着弟弟的肩，点点头。

他以为正在参观厨房的她没有听到，其实她听得清清楚楚，听得泪流满面。她想呀，自己太笨了，这么多年，从老房子搬到新房子，从没暖气到有暖气，他一直保持这个习惯，她竟然从未认真揣摩过里面的意义。

当晚，她第一次为他端了洗脚水。有了新房子后，洗脚的习惯反而因为每天洗澡而忽略了。他拗不过她，只好把脚放在热水里，她为他洗着搓着，那脚板上满是硬硬的茧，她眼底渐渐潮湿，他走过多少路，受过多少累，才给了她如今这个温暖的家啊，而她自己，竟然从未为他洗过一次脚。

她抬起头时，他只笑着说了一句，原来，媳妇给洗脚这么舒服啊！她便哭了。

他洗过后，她学着他当年的样子，脱了袜子，把脚放在水中，却发现，水已经凉掉。原来，一个人洗过后的水，第二个人洗时，是凉的，而非仍然热着。

她没有说出来，也没有刻意去改变那个先洗后洗的顺序，因为她知道，这是他以自己的方式所给予她的爱，实实在在的爱。冬天为她增一度，夏天为她减一度，只是一度温暖，却是一百度爱情……

从此相忘于江湖的陌生人

> 有时候，
> 顺其自然，
> 你才会知道那些事是否值得拥有。

她经过痛苦的挣扎，终于做出了最终的抉择：与他分手，然后选择一个男人立即嫁人。

与他相守六年，她想要结婚，她实在等不起了，而他虽然很爱她，但丝毫没有想与她结婚的意思。

她尝试着去忘掉他，想开始新的生活，不再去承受这份沉重的情感的折磨，也还给他一片自由的天空。她爬到他们经常去郊游的山顶大声呼喊，想从那里得到答案，内心依然隐隐作痛，她实在无法放弃。

终于，她精疲力竭，选择离开。

她静静地调整好自己的心情，问对方，终究还是未能在一起，做不了夫妻和爱人，我们还能做什么呢？

"那就做彼此的朋友吧！"她笑笑说。

他说:"不,在我心中,你是我唯一的爱人,做了朋友,让我如何面对你和你未来的爱人。我无法忍受你与未来的他在一起的种种,更无法承受与我未来的爱人在一起的时候不去想你!"

"做彼此的知己吧!"她对他说。

他却说:"不,我无法承受那份永久的牵挂与痛心的思念。没有人能持续一辈子做好的知己!"

"那就做兄妹吧!"她对他说。

他说:"不,我们的爱已经深入到对方的骨髓,这种关系早已经超越了兄妹之情,哪会有哥哥带着柔情蜜意的目光去对待妹妹呢?这样的哥哥,我胜任不了。"

"那做情人怎么样?"她又说。

他看着她说:"你是一个如此善良的女孩,你嫁作他人之后,我不能让你忍受那种相思之苦。情人也是对我们之间感情的玷污!"

"那我们做仇人吧!"她叹口气后,无奈地说。

"去恨你,我做不到!"他说。

她说,既然我们无法改变命运,此生注定了无法相互厮守在一起,与其这样痛着、眷着、念着、想着、恨着,还不如从此相忘于江湖,做一个陌生人吧!这也许是一种最好的解脱。

他愕然，她却哭了。无法想象最终能给对方的竟然是这样一个结局。但是她明白，也许只有这样的结局，才能让这份纯粹的感情持续得更为永久，才能保留住对方的善良，才不会伤害到其他的人。

从此，他们便在彼此的世界中消失了，相互间没有祝福，没有牵念，就这样消失在茫茫人海中。

半年后，她便立即嫁与别的男人。

几年后，他也与另一个女人结婚。那个新娘没比她出色多少，他对她的爱亦无对当初的她那么深。只不过，她出现的时机实在是太好了，刚刚就在他心生倦意，想要安定下来的时候。

于是，不需要比这更好的结婚理由了，她出现的正是时候，那么，就是她了。

其实，我们寻寻觅觅了那么久，尝遍每一次爱情的甜蜜与艰辛，最终选择的爱人，不过就是在我们心意动时，经过身边的那一个。

什么青梅竹马，什么心有灵犀，什么一见钟情，都不过是些锦上添花的借口，时间才是冥冥中一切的主宰！

序号里隐藏的爱

> 马文才:"为什么不要我的老鹰风筝?"
> 祝英台:"我喜欢山伯的蝴蝶风筝。
> 老鹰飞得太高太远,我拉不住。"
> 马文才急了,把风筝塞给她:
> "就算是老鹰,现在还不是乖乖在你手上,
> 你让它飞才飞,你让它落便落!"
>
> ——《梁山伯与祝英台》台词

  他每天清晨起床,总能穿上她为他洗好的衣服,不仅穿着温暖、舒适,还飘逸着一股迷人的薰衣草清香。他很诧异,每次的着装总是能与他的日常活动相匹配,比如:接待客户,是西装革履;一线视察,是拉链衫;与员工劳动"上镜头",是工作服……

  要知道,他每天都要处理那么多的繁杂事务,一天下来,常常是疲惫不堪,至于第二天要穿啥衣服,真是无暇顾及了。

  那天,他起床时没有找到衣服,急得团团转,就索性光着身子去房间里找,在大衣橱里扒来扒去,怎么也找不到自己的衣服。

当他转过身来，才蓦然发现，原来他的衣服全被从大衣橱里"请"了出来，用衣架挂在一根晾衣绳上，一条红色的蝴蝶结系在中间，煞是惹眼，恰似一条"三八线"，一分为二地将那些林林总总的衣服划分为两区域。他看见，每个衣架上都被她写上了不同的序号。"蝴蝶结"左边全是他日常穿的西服、拉链衫；右边是平时必备的衣服。今天星期四，应该是穿 4 号衣架上的工作服，正当他伸手去取时，她下班回来了，忙说："别急，让我来！"他眉头紧蹙："怎么啦？"她莞尔一笑："你忘了，今天你要出差，春天风多，你必须再穿一件第 13 号的衣服。"她说着将 13 号衣架上的黑风衣合并到 4 号中。他笑了笑："你真仔细！"说话时，他脸上写满了幸福……

她又嘱咐他："这几天我加班，可能没有时间照顾你，明天是星期五，天气预报有雨，听说你要到局里开会，按常规，要穿 5 号衣架上的西服，另外还要穿 10 号的雨衣，不要忘记哦……还有，后天是周末，如果你休息在家，6 号、7 号衣撑上的休闲服，随便你穿……"

一声声叮咛，一句句朴实的话语，让那调皮的热泪又在他的眼里恣意打转，一时迷蒙了双眼，他本想说声"谢谢"，可是，时间已经来不及了。

一根小小的晾衣绳，排满了妻子的温情，偶尔，序号会被添加、合并或打乱，但那片浓浓的爱永远不会变，一直隐藏在这不起眼的序号里……

失恋有一百零八种方式，
到最后都是假装忘记

> 是的，多年以前，我的矫情、我的浪漫、我的天时地利，到了今天，已经统统过期，更关键的是，当年陪在我身边的那个人，居然选择了中途退票离席。
>
> ——电影《失恋33天》台词

我有一个小酒吧，那里来来往往各种人，当然包括失恋的人。

有段时间我想取材，仔细观察了一下，发现失恋的表现还分性别，分年纪，能分个五花八门。

一对情侣坐在我店里的吧台，点了两对鸡翅，姑娘刚啃到翅尖，顺手就把盘子一砸。我大吃一惊。

姑娘接二连三，杯子、碟子、小碗一顿乱砸，砸得节奏凌厉。

当时音乐正放得热情，所有人却都陷入安静。

满地玻璃碴、碎瓷片，店员不敢去收拾。男生站起来就往外走，姑娘长发一甩，举着果盘追出去。

后来男生过来赔偿，苦笑着说：盆子瞄准他的脑袋，却落在马路牙子上。

姑娘鞋子还跑丢了，她光脚踩过碎片，失声痛哭，并不是因为脚在流血。

还有个女孩，和前男友点比萨。前男友一口没吃，频频看表，催着说快点快点。女孩本来吃得极慢，听到这话匆匆塞了几口，呛得剧烈咳嗽。

我去添纸巾，前男友却接过擦自己的嘴，对女孩说要走了。女孩拉住他的手，说求求你不要走。男生甩不开，直接就扭打起来。

女孩只是死死抓着男生的手，眼泪随着身体被甩来甩去。

我拖开男生，喊他滚。

女孩愣愣的，满脸泪水，嘴里还残留着比萨，她下意识嚼了两下，又追了出去。

更多的女孩喝醉了，无法点清楚手机键盘，着急地问院中的花盆：怎么办？他不接我电话怎么办？

在地上打滚，将当月工资全部拍到桌上，等等。做出头疼事情的，基本都是女孩。

我们在失恋后的表现，随时失态，直接暴力，为挽回不择手段。大家平时那么开心快乐，因为失恋变得那么难看。

女孩的眼泪是有限的，哭完了，人就老了。

男孩的眼泪更加有限，哭不到几次，心就狠了。

我和身边的朋友到了这个年纪，要么老，要么狠，失恋成为一个笑话。

现在分手了，顶多喝两打啤酒，忍着鼻酸抽根烟。有的干脆出门散心，天南海北若干时间回来，身边又多了一个。

大家都说不记得从前，忘了自己也曾失恋。失恋有一百零八种方式，到最后都是假装忘记。

橘子

爱尔兰结婚不许离婚，
但可以选择年限1年到100年，
过期不续期就自动离了，
但是时间越短费用越高，
1年的登记费折合人民币2万多，
100年的只要6元钱。
选择一年，说明你还不懂婚姻，
于是会给你一本很厚的婚姻书学习，
而选择100年只有一张纸，
短短写着：祝你们白头到老。
你会选择几年的婚姻？

情书

> 到那时候我才明白，真正爱一个人，并不是给予你想给的，而是给予他想要的，哪怕是失去你。

在嫁给他之前，她心里始终装着一个人。

那是在长途旅行的火车上，她与那人有了美丽的邂逅。在白衣飘飘的年代，在青葱的年纪，他去当兵，她到大学报到。他们面对面坐着，低声交谈，不时会心一笑，内心很是惬意。

他们很谈得来，有种相见恨晚的感觉。在下车前交换了地址，此后近两年的时间，他们都通过书信交往。他常年都待在冰封雪冻的昆仑山上站岗，每次信笺到她手中时，已经是几个月后。而她躲在校园中心的小山坡上，抚着那些带着寒气的信封，读着那些动人的文字，内心充满了甜蜜。

大三时，突然间她再也未接到他的来信。后来，她的信也以"无此人"的理由被退了回来。

她再也联系不到他，几乎要发疯，然而，除了等候别无他法。临毕业时，仍旧无他的任何消息。她决定到他所在的地方去找他。未曾想到,在她决定要出发的前几天,她出了事故,脑部受伤,医生叮嘱她打消到有高原反应的昆仑山的想法。

经学校推荐,她被留在了那个令人羡慕的国营大厂做培训讲师。

当晚,她给工人们作培训,穿一袭粉蓝色半身裙,戴着眼镜,皮肤白净,一颦一笑都令人惊艳。她博学、风趣,有涵养,站在讲台上,像一朵盛开的水莲花。一个质朴、憨厚的小伙子爱上了她。他没多少学识,相貌平平,家境也不是很好,但却体贴、温和、知冷知热,对她发起了勇猛的追求。在家人的百般劝说下,想想与心中的爱人亦无可能,便答应了对方的求婚。

平平淡淡的日子,安静的时光,慢慢流逝,孩子也渐渐长大。

然而,每当夜深人静时,听着床头钟表的嘀嗒声,借着窗外的月光,端详着睡熟了的枕边人,一种感伤与不甘便会涌上心头。她对他心存愧疚,因为她觉得自己已经很努力了,但就是无法爱上这个厚道温和的男人。

那天送孩子上学,她不小心从楼梯上摔了下去,脑部再次受到重创,躺在了病床上。

被送到医院的她,完全像个木头。她不曾知道,崇尚"硬汉"精神的他是如何泪水滂沱地跪求大夫救她;她不曾想到,在她住院的最初几个月,肺部患病,上个楼梯都气喘吁吁的他是如何拒绝他人帮助,在床边无微不至地守护她;更想不到,在她苏醒之前,一直心存怨言的他是如何一边流泪一边给她读那些信……

　　原来，当年的那些信，她一直保存在衣柜里的一个小木箱里。他也知道，里面装着她的秘密，所以也从未过问过此事。但她从男人偶尔飘去的目光中猜测到他内心的想法。

　　她在昏迷中，他一心只想救她，尝试许多办法都无效。心理医生建议说，可以尝试拿她最心爱的东西去刺激她。他便立即想到了那只木箱子。可是，他站在衣柜前犹豫良久，怕擅自打开那些秘密冒犯了她。

　　说实在的，他在内心有些惧怕她。结婚多年，她温和贤淑，从来不在家里大声说话，可他总以为她有知识，有文化，是下嫁给他，他欠她太多。但是想到病床上昏睡的她，他还是鼓足勇气拿出了箱子，打开。

　　如他当初的猜测，是情书，她爱过的男人写给她的。正是这些情书，让她一直对他念念不忘。这些信笺被依时间顺序整理得很平整。他打开那些信，读着，感动着，心酸着，那种滋味无法形容。

　　那天，他呆呆地在家坐了几个小时，随即独自喝了一斤白酒，流了很多泪，第一次把她托给父母照顾。

　　第二天，他拿着那些信来到病房，静坐下来，一字一句地大声读给妻子听。

　　那些信如行云流水，感情真挚，读着读着，他再次被打动，敬佩之情油然而生，甚至还为她感到可惜，写信的男人的确有才华，至少比他优秀许多。

同时，他内心也困惑：当年那个人为何会突然销声匿迹，是否有什么特殊的原因？

男人开始利用闲暇时间去寻找答案。功夫不负有心人，最终从一位老退伍军人那里获得了消息。原来，当年那人患了不治之症，为了不拖累她，才忍痛斩断情丝，那人在几年前已经去世。

明白了故事的原委，他读信上的那些字字句句的时候更为感动。其实，那些信上抒发的正是自己内心对她的感情，有时候，在恍惚间他觉得自己就是那位军人。

终于在他读信的第5个月的一天，她突然奇迹般地苏醒过来。

他欣喜若狂，将信捧小心地放好，觉得这才是她的救命良药。

在接下来的时间里，他仍旧坚持着每天读那些信。她的目光有些呆滞，但当听到那些熟悉的句子时，眼睛便会倏倏地亮些，有时候到动情处，她的嘴角还会微微上翘，似乎在微笑。他想，这些信一定是让她忆起了当初的幸福时光。每到此时，他的心便会被狠狠地刺一下，那些瞬间也让他终于明白了何为咫尺天涯，何为天涯咫尺。

那天晚上，待妻儿睡下后，他独自到客厅，喝了一些酒。在微醉时，他找来纸和笔，心酸地想了几分钟，提笔写道：在一起这么久，你难道都不能爱我一天吗？

这是他这辈子写过的唯一一封情书，这是他的心里话。过去只懂得使劲地心疼她，从没想过给她写过只言片语。就这么一句话，其他的，他也不知道写什么好。他放下笔，便弓着腰，有些失落地走出家门。大街上灯火通明，车水马龙，他的内心却感到从未有过的孤独。他静坐在路边，看着眼前来来往往的人流，为自己的前半生唏嘘不已。

过了许久，他擦了擦眼角的泪水，回到家中，看到那封一句话的"情书"还放在原地。他走上前，发现上面多出了一行字：从此刻起，我每天都会用心爱你！他读着，心里一阵酸楚，看着里屋睡熟的她，眼泪哗哗地涌出来。

我每天都会用心爱你，这是他听到过的最动人的情话。他站起来，大踏步走进里屋，帮她盖好被褥，便侧卧在她旁边。

天刚亮时，她便醒了，看着这个憔悴的男人，心里涌起了无限的爱恋和愧疚！

他温柔地看着她，她也第一次把头温柔地靠在他的肩头。

我可不可以牵着你的手一直到终老

> 你在纽约，我在北京。
> 漫长的离别里，
> 我只做一件事：专职爱你！
> 如果爱情能成为职业该有多好，
> 我永远都不会早退，也永远都不会转行，
> 任期就是这一辈子。
> 世界上最幸福的工作
> 就是，做你的，专职爱人
>
> ——电影《北京爱情故事》台词

当我 20 岁，刚刚大学毕业，懵懂、青涩。我们牵手去见彼此的家长，在忐忑、不安、慌张中获得他们的认同。感谢命运让我在最美好的年华遇见你，相识，相知，相恋，并希望我们相携到终老。

当我 24 岁时，如果我们还未分开，我一定会挽起长发，披上洁白的婚纱，做你最美丽的新娘。我们从情窦初开的青涩走到情投意合的甜蜜，从花名册上的同班同学到结婚证上的夫妻。真的让人感叹命运的神秘与缘分的奇妙。在不懂爱情、迷惘莽

撞的年纪，我们相处中的任何一天、任何一件事、任何一个人的细微改变，都完全可以让这个故事换个结局。

当我 27 岁时，我们还仍旧在一起，我一定会抚着你的额头，悉心地照顾你，一起幸福地期待和迎接一个小生命的降临。那时的我，会感谢生活，感谢误会，感谢分歧，感谢争吵，感谢偏执，感谢在一起。彼此间的打磨才让我们更臻成熟、完美，最终以一份完整的幸福示人。

当我 32 岁时，如果我们还在一起，我一定会用心照顾我们的宝贝，经营我们的爱情，规划我们的家庭。每天给你们烹调出美味可口的饭菜，幸福地听着宝贝稚嫩的声音叫我们"爸爸"、"妈妈"。婚姻绝不是爱情的终点，而应该是幸福生活的加油站。在相处中，我们一定会遇到柴米油盐的纷纷扰扰，锅碗瓢盆的磕磕碰碰，但我明白，那些都不够，我们还需要生活更多的磨合去成就一个美满幸福的家。无论遇到什么，我都会陪在你身边，也希望你能陪在我身边，一直等待着幸福生长蔓延。

当我 35 岁时，如果我们还在一起，无论怎样的排斥，怎样的分歧，我们都能风雨同舟，一起携手走过那三年之痛、七年之痒，继续着我们平淡幸福的生活。我们婚姻的道路并非一帆风顺，也会有过怒目而视，有过间隙，有过怀疑，有过挣扎、动摇、迷惘和痛苦，但我们却一直坚持着，进步着，成长着，没有放弃，一直努力为了对方成为更好的自己。

当我 40 岁时，如果我们还没有分开，就算爱情的激情被现实消磨殆尽，一切都归于平淡，我仍旧愿意你拉着我的手，趁还来得及的年龄去我们未曾去过的地方，品尝我们未曾吃过的美食。回首往事，我们会庆幸，在彼此都是白纸的时间相遇，相知，相爱，也曾因为偏执、幼稚、鲁莽做过许多让对方伤心的事，而幸运的是我们在相互谅解中点点滴滴一起成长到成熟，渐渐学会包容、体贴、关心，会为对方着想，这份经历与恩情足可以抵挡住岁月的侵蚀！

当我 55 岁时，我们还相互依偎在一起。我一定会与你聊聊我们年轻时候的经历、故事，说起开心的会哈哈大笑，说起悲伤的也会黯然落泪。回首往昔，我们的婚姻似一场马拉松，有激动人心的爱情，是第一个百米成功，有稳定的物质基础，是第二个百米成功，孩子出生，是第三个百米成功，但这并不意味着一段婚姻的成功。前方还有诸多的门槛，等着我们一个个地跨过去。

如果当我 66 岁时，我们还在一起，我们都已经退休，有了大把的时间一起去做彼此曾经想做而没有做的事，去想去而未曾去过的地方。我要牵着你的手在夕阳下散步，爬到山顶看日出。这些场景会成为我们生命中永恒的爱情雕像。几十年的风风雨雨，有过争吵，有过怨恨，有过宽容，我们经历了人生要经过的一切，却毫发未损地手挽手走过来了，一直走到了生命的暮年。

如果当我 76 岁时，我们还在一起，我会陪你坐在摇椅上晒太阳，听听过去曾听过的歌谣。我还要举办一次大 Party 来庆祝我们的金婚纪念日，到时候我会通知所有的亲朋好友过来分享我们的幸福和快乐。那时的我们，虽然不知道生命会到哪天终结，但身边只要有彼此的陪伴，便无所畏惧。我们会善待那个叫我们"爷爷"、"奶奶"的小孩，快乐地度过生命的每一天。

当有一天，我到了生命的尽头，我仍旧希望你能陪在我身边。我不要做那个先离开的人，请允许我先自私地离开这个世界。如果你坚持不了先抛下我离开，我愿意陪你一同离去……因为，你不在的日子是冰冷的，了无生趣的。所以，亲爱的，如果到了那一天，请一定要让我先走，或者你带上我一起走，因为这一生有你相伴，是幸运的，也是幸福的；来生，我们还要牵手相依……

有一种感动叫缄默不语

> 爱一个人就是在拨通电话时忽然不知道要说什么，才知道原来只是想听听那熟悉的声音，原来真正想拨通的，只是心底的一根弦。

男人失业了，他没有告诉女人。他仍然按时出门和回家。他编造一些故事欺骗女人，说新来的主任挺和蔼的，新来的女大学生挺清纯的……女人掐着他的耳朵笑着说："你小心点。"说这话时他正往外走，女人拉住他，帮他整理衬衣的领口。

男人夹了公文包，挤上公交车，三站后下车。他在公园的长椅上一直坐到傍晚，然后换上一副笑脸回家。男人这样坚持了五天。

五天以后，他在一家很小的水泥厂找到了一份短工。那里环境恶劣，飘扬的粉尘让他的喉咙总是发干。劳动强度很大，干活的时候他累得满身是汗。

下班了，男人在工厂里的澡堂匆匆洗个澡，再换上笔挺的西装，扮一身轻盈回家。

饭桌上，女人问他工作顺心吗？他说："顺心，新来的女大学生挺漂亮的。"女人嗔怒，却给男人夹了一筷子木耳。

女人又说:"水热了,要洗澡吗?"

男人说:"洗过了,和同事们洗完桑拿回来的。"女人轻轻哼着歌,开始收拾碗碟。男人心想好险,差一点被识破。

男人在那个水泥厂干了20多天。一天晚饭后,女人突然说:"你别在那个公司上班了,我知道一个公司在招聘,所有要求你都符合,明天去试试吧!"

男人心里一阵狂喜,却说:"为什么要换呢?"
女人说:"换个环境不好吗?"
于是,第二天男人去应聘,结果被顺利录取。

晚上女人烧了很多菜,男人喝了很多酒。他知道这一切其实瞒不过女人的。或许从去水泥厂上班那天,或许从他丢掉工作那天,女人就知道了真相。他可以编造故事骗女人,但却无法让心细的女人相信。

其实,当一个人深爱着对方时,有什么事能瞒过去呢?男人回想这二十多天来每天饭桌上都有一盘木耳炒蛋,木耳可以清肺,粉尘飞扬中的男人需要一盘木耳炒蛋。还有,这些日子里女人不再缠着他陪她看电视连续剧,因为他是那样疲惫。现在,男人完全相信女人早就知晓了自己的秘密,并一直默默地为他做着事。

事业如日中天的男人突然失业,变得一文不名,这是一个秘密。是男人的,也是女人的。她必须忍着痛,缄默不语。男人站在阳台看城市的夜景,一滴眼泪悄然落下。

婚姻生活中,有一种感动叫相亲相爱,有一种感动叫相濡以沫,其实,还有一种感动叫作缄默不语。

今生唯一的吝啬，就是，你是我的

> 我可能不能和你在一起了，
> 但是这不代表，我没有爱过你。

1

一场突如其来的大病，让他失明。所以，他从不知道女朋友长什么样子。那一年，她患了不治之症，临终前就将眼角膜献给了他。

他复明后第一件事情就是找她的照片，然而只找到她留给他的一封信，信里有一张空白的照片，照片上写道："别再想我长什么样，下一个你爱上的人，便是我的模样。"

2

他是远近闻名的大善人，经常拿自己吃的用的以及钱财去救济那些吃不饱饭的穷人。

因为救助的人比较多，总会让自己食不果腹。

临终之前，她老伴便问他："老头子，你大方了一辈子，这辈子做过吝啬的事情吗？"

他说:"当然!"

她又问:"是什么?"

他想也没想便回答:"就是你是我的。"

3

大学毕业那天,班长提议全班同学坐成一圈,每个人在纸条上写一个自己的秘密,传给左边的人,这样每人分享一个自己的秘密的同时也保守了一个别人的秘密。

我便故意坐在他的左边,暗恋他四年却始终没勇气表白,能知道一个他的秘密也好,我安慰自己。结果,传来的纸条上只有三个字:我爱你。

4

"亲爱的,再等几天我就到 20 岁了,到时候我就嫁给你好吗?"

"别胡说了,你知道你爸妈是绝对不允许你找我这样一个穷小子的。"

她摇了摇手中的飞往国外的飞机票说:"看,我早就准备好了。"

顿时明白,这个世界上最浪漫的爱情是义无反顾。

5

他在一家高层写字楼上班,每天隔着办公室,总能看到对面楼上的她:清秀、娇美。

每天闲下来,他便会偷偷注视她,猜测她的快乐与忧伤,并写在微博上。

他想，这些举动，她一定不知道，因为他总是异常地小心。

直到某一天，她突然消失了。对面的办公室里再无人出现，可能是公司搬到他处了吧。

那天，他心里异常失落，顺手写下了微博："她消失了，很想她，想知道她的去向。"

几秒后，下面的评论框中突然弹出一条消息："傻瓜，我搬到你楼下的那层去了。"

6

18岁时，他嚣张跋扈："喂，跟我谈恋爱好吗？"

20岁时，他年少轻狂："都两年了，还没考虑好？"

22岁时，他风华正茂："放心考研，我可以养你。"

24岁时，他意气风发："我尊重你的选择，但你也要相信，我会全力支持你。"

26岁时，他目光柔和："八年了，抗战都有结果了，你愿意跟我在一起吗？"

28岁时，他成熟内敛："行，我给你当伴郎。"

7

几年来，对于他对她的爱，她始终持怀疑态度。

她总是问他："你相信我爱你吗？"

他总是干脆而响亮地回答："相信！"

她说："那你要把眼睛蒙上，我领你下楼梯！"

他点头答应。

当楼梯还有最后一级时，她便骗他说到了。

可是他却慢慢地又下了一级，并未摔倒。

她很生气:"我就知道你不相信我。"

他用略带忧伤的眸子望着她说:"不,我只是知道你不相信我会相信你。"

8

在她所在的城市与她偶遇,见到依然优雅、美丽的她与她可爱的女儿。

在咖啡馆叙旧,他谎称自己已经结婚了,有一个比她女儿年龄大一点的儿子。

对于从前的一切,他们只字未提,只有客套地寒暄。

她看看表,说该回家去了,家里的人都等着呢。挥手道别,他独自站在霓虹灯下,看着熟悉而又陌生的背影,在心里默默祝福她。

路上,女儿突然对她说,不想回爸爸那儿,永远想和她待在一起。

她流着泪紧紧地抱住女儿。

9

明天他就要出国了,去韩国,临行前,他在网上与她聊天告别。

她对他说:"明天就要走了,教我几句韩语吧。"

"好啊,你想学哪几句?"屏幕上他发来一个俏皮的表情。

"韩文的'我爱你'怎么说?"

"?? ?? ????"

看完这句,她便匆匆地下线了,不敢再看屏幕一眼。

恋了他这么久,听到"我爱你"这一句也好,哪怕不是说给自己听。

第二天，她没有到机场去送他，在家里，登陆了 MSN，对话框弹出了一行字，是他的留言。

一大片"我爱你"，她一个个地看完，泪如雨下。

最后，写道：只要你一句话，我，就留下。

10

丈夫和妻子回老家看望父母，回家时天色已晚，又恰逢末班车，车上的人很拥挤。丈夫说，你从前门上容易挤上去，我从后门。妻子点头同意。

从后门挤上车的丈夫被紧紧地压在车门口，动弹不得，很难受。忽然有一只手悄悄地抓住了他的手，那手细腻、润滑、柔软而动人心魄。他感觉那绝对不是妻子的手。他很享受，真的希望车能够一直开下去。他在脑中不停地想着，这究竟是一个什么样的女人呢？她应该是老早就注意到我的吧，她是干什么的呢？如何才能与她取得联系？脑中忽然闪过一道亮光，他悄悄从衣袋里取出一张名片，塞在那只是温润的小手里。一会儿，车还是到站了。

丈夫恋恋不舍地下了车。从另一个车门下来的妻子并没有察觉到什么。两人横穿马路时，都心不在焉的。忽然，一辆汽车飞奔过来，妻子稍稍犹豫了一下，但还是用身体撞开了丈夫……丈夫抱起浑身是血的妻子跑进医院，天亮的时候，医生出来告诉他，我们已经尽力，你妻子只想见你最后一面。

丈夫走进病房时，妻子的一只手攥成了拳头，后来那只手像电影里的慢镜头一样缓缓张开，丈夫的名片悄无声息地滑落下来……

11

偶然听到别人聊天,她知道了今天他准备向她求婚,她暗自窃喜但装作什么都不知道。

晚上他请她去了家新开的冷饮厅,特意替她点了个冰淇淋。

她以为戒指会在冰淇淋里面,所以她优雅地小心翼翼地品尝每一口冰淇淋,结果令她失望,吃完了,什么也没有。

那晚直到他送她回到家,他什么也都没说。她很失望,难过的上楼,等刚要开门时收到短信,他发来的,上面说:"知道吗?刚才那个冰淇淋是那个店的招牌,叫作求婚。说是只要吃了它的女生就是答应了求婚。"

12

他放开了她的手,"你坚强,离开我你一样可以过得很好,可是她不行。"他转身便没有回头,于是她眼角隐忍的泪他没有看到。

多年后,他们再遇到。他独身一人,她亦是。"你还是那么的自信和坚强。"他如是说道。"是啊。"她脸上漾着耀眼的微笑,衣袖遮住的手却紧紧握住,不曾松开。

世界上,没有谁离开谁就活不了,只是生活还有没有意义。

樱桃

给女孩的话:

爱是两个人的事,

如果你还执着着、纠缠着、痛苦着,

时过境迁之后,你会发现,

是自己挖了坑,

下面埋葬的全部都是青春。

建议:放下该放下的,

疼一下总比疼一辈子好。

原来，这辈子都无法放弃你

> 后来，他跟我说，遇上我，是他那么大最开心的一件事儿。
>
> ——电影《李米的猜想》台词

当我从林然的白衬衣上发现口红印之后，我们只谈了一个下午便在离婚协议书上签了字。我是那种永远都不会委曲求全的女子，他很明白。

尽管他苦苦地哀求，差点儿跪下来，千万次地向我保证绝不会有下一次，我还是无法原谅。

末了，我只问他，你对她是否动过心？他沉默一会儿，终于点了点头。

这就是了！动过心就说明一个人精神上已经出轨了，这是我绝对无法容忍的。我转过身收拾东西。我们结婚不到三个年头，还未来得及要孩子，唯一有牵扯的只是一起贷款买的房子，他如果要，就给他。他给我，我就要。

离开时，我头都没回一下。他在楼上使劲地哀求我，我低着头，拉着那只大木箱子，满脸的泪水。我不能让他看到我流泪，三年前，结婚时他还海誓山盟地要好好地疼爱我一辈子，可如今……不过三年而已。他由一个小业务员升到了业务副经理，有了一辆雪弗莱轿车，手里有了管别人的权力，再加上一张英俊的脸，便有了出轨的理由。我是一个完美主义者，无法接受这样的背叛，宁为玉碎不为瓦全的我宁可丢弃那个曾被很多女人追捧的男人。

爱情就像一场重感冒，离开林然后，我便大病一场，高烧不退，在医院住了一周。回来后，我到商场买了一堆新衣服，把自己打扮得青春靓丽，我不过才刚刚28岁，一切完全可以重新开始。

但我还是日渐地憔悴了，饭吃得不香，觉也睡不安稳，半夜里时常会做噩梦，对不可预知的未来充满了恐慌和不安。之前，有他睡在我旁边，从未有过这种感觉。可现在，我翻身周围全是黑暗，眼泪在脸上恣意地流淌。

一想起他，我的内心总是隐隐地作痛，我知道这是恨。

有人说，恨即是爱的另一种极限，我曾诅咒他一定要过得落魄。

是的，是他错在先，离了婚凭什么他要过得比我好？更何况，我并不是一个善良的女人！现在的男人，离了婚，会招来那些大龄剩女的疯抢，而我却好似菜市场的大白菜，问津的多数是丧偶者或者是离婚男，如此不公平。我一想到他与那个我幻想出来的女人在一起的情景，一阵恨便向我袭来。于是想，管他呢，反正是别人的男人，不用白不用，三天两头打电话骚扰他："林然，过来给我换煤气罐。""林然，过来给我做顿饭！"

"林然，过来帮我做家务！"每次叫他的时候，都是理直气壮，谁叫他对不起我来着。他理所当然成了我的小时工，每周都会过来做这，做那。

他并没有不情愿，每次都乖乖地做好。他来这里，我们并不多说话，我窝在沙发上看电视，他里里外外地忙碌着，把家收拾得一尘不染后便会离开。邻居大妈说："姑娘，你眼光不错嘛，那小伙子又英俊又体贴，你真好命！"我说："我有老公，他只是我请的小时工。"

从此，邻居大妈不再用正眼看我了，觉得我是个不正经的女人，背着老公和帅气的小时工在一起。林然一再恳求我："这么离不开，复婚算了。"

我阴着一张脸，好声没好气地说："谁稀罕和你复婚，我只是太过无聊，什么时候我找到满意的人了，你马上可以离开。"

同事张阿姨甚是热心，见我离婚，很着急地劝我抓着青春的尾巴赶紧再找一个。同时，还忙着给我张罗介绍对象。先介绍一个离婚的，带着一个3岁的儿子，那儿子见到我就像看到敌人一般。我说再见，我还未长大，怎么有精力和一个小毛孩子斗智斗勇？

第二个男人丧偶，条件不错，早年被公派留美，现在是一家外企的高管。但是，人却很傲，每句话中总夹着英语。我干脆和他纯英语对话，告诉他，我获得过全国大学生英语演讲比赛奖，而且还学过阿拉伯语、西班牙语。这次，郁闷的却是他了。天知道，我在大学和林然是怎么混日子的，英语四级都是在他的催促和监督下，我才勉强过关。

离婚的女人，原来这么惨！

林然说："别太轻率了，那些人都不适合你，其实，应该再考虑一下他。"

我干脆且响亮地告诉他："咱们缘分已尽，别再抱有任何幻想。"

离婚一个月后遇到沐羽完全是因为一场感冒。

那天受了风寒，鼻塞、头痛。去看医生，恰恰是他。他有一双细长干净的手，他细细问了我病情，便开了药，嘱咐我回家多休息，多喝水，按时吃药。我按例留了电话，第二天，他便来了电话，听到我沙哑的声音，嘱咐我煮些粥喝。我感动于他的细心，他30岁，不算很帅气，但有品位。他喜欢听古典音乐，看名著，听高雅的小提琴演奏曲。那天我身穿一身白色连衣裙，他说，一刹那间就打动了他。

几天后，我感冒果然好了。他开始约我，送我玫瑰，请我吃饭。虽然有点俗气，可哪个女人不喜欢被人追求的感觉，何况他还是一个俊朗的绅士？

我告诉他我是个离异的女人，他笑笑说，那就更懂得珍惜感情了。

这话听得我心里美滋滋的。没过多久，我们便熟识了。周末一起去看电影，出来我就去吃麻辣烫。沐羽说，麻辣烫对身体很不好，我却不听这个，这个习惯是在林然的影响下形成的。

我喜欢沐羽穿白色的运动衫，看起来青春有活力。但他却喜欢穿正式的衬衫，给人一种严肃的感觉。我说，你在私下里完全可以试着穿得休闲一点，那会更动人。

他呆呆地看着我，好似一眼能看穿我的心底：你为何要用前夫的标准来要求我。

我顿时哑然，不知所措。是的，我一直用过去的标准和习惯来对这个男人提这样那样的要求。

林然的电话来得很频繁，每次问："你在干什么？"我说："正在和一个英俊的男人谈情说爱，正在蜜里泡着呢。"这话出口带点狂妄的腔调。我只是想让他明白，没有了他，照样会有好男人过来疼爱我。

晚上回家，林然坐在门口等我。他没有我的钥匙，但我有他家门的钥匙，他告诉我，随时我都可以回家。看到送我回家的沐羽，他嘲笑似的说："只有一米七高吧，而且还是医生，天天戴着口罩和病人打交道，嘴巴早僵硬了，会不会接吻呢？"

我感到他有点恶心，这话有失他的风度。我冷笑着说："他好着呢，这事还真用不着你操心。"

他拎了一大包我爱吃的东西，有早上吃的牛奶和肉松面包、草莓果酱、进口的樱桃干和蓝莓干，还有鱼籽罐头。虽然他做这些让我有点感动，但我仍旧没让他进家门。我说，看你没精打采的样子，赶紧回家休息吧。

我拎着东西刚进门，就哭了，我转过脸去，但还是被沐羽发现了，他说："你们彼此还那么相爱，干吗违背自己的内心呢?"他冷笑,"我只不过是你打发寂寞的道具而已,以后我们还是做朋友吧,做恋人,还是不必了吧。"

我已被沐羽看穿,而门外的人,却在抓狂。他发信息告诉我:如果你真爱那个医生,我祝你幸福。

幸福吗?一点也没感觉到。

房子他一直住着,他说:"那房产证上仍旧赫然写着你的名字。"

和沐羽分手后,我发现林然身边有了女人。他还是经常过来做这做那,那女人很娇媚,经常当着我的面嗲声嗲气地喊他"老公"。

估计他是故意来气我的,我想吐血。

那小女人说:"你前妻?脸色可不怎么好看哟!"

林然说:"不至于吧,我才几天没过来。"

那小女人见他过来好像并不生气,两人完全是在演戏,我阴着脸说:"以后,演戏请换场地。"

"砰"的一声关上门,我表面若无其事,内心却无比疼痛。我还以为他真的放不下过去,舍不得丢下我,原来只是在安慰我,想着,泪水便恣意滑下。

半夜里,肚子痛到难忍。是急性肠胃炎?疼痛之中,我打开电话,他就在电话簿首位,我叫道:"快过来,我快不行了。"

没想到他半夜手机还开着,料想着,如果他不在,一定打 120。

约半个小时，他到了，背着我飞一般地冲到楼下，打车奔至医院。他着急地说："我老婆肚子痛，你赶快救救她吧！"

我在迷糊中被推进急救室，原来是阑尾炎。割掉之后，我便有了精神。第二天就说："死林然，都是你给气的。"

他为自己辩解："我手机 24 小时都开着，只怕你会有什么事。"

他每天都给我煲汤，一点儿也不厌烦。同病房的大妈说，看人家的老公可真够体贴的。

他站在一边自夸道："我一直都很不错呢！"

我躺在病床，一有精气神儿便会疯刺他说："你这么照顾我，不怕你身边那个小女人吃醋？"

他笑而不语，说："等你病好了，再说吧。"

接我出院那天，外面下大雨，他开车，他打我手机说："等急了吧，我马上就到……"最后一个字还未说完，只听到电话那头传来一阵尖叫，我有非常不好的预感：他，一定是出了车祸。我慌张地穿好衣服，冒雨跑出去。

顾不得虚弱的身体，我发疯一样地在雨中跑着，搜寻着他的车。如果他有什么意外，我会陪他而去。虽然他无意间背叛了我，但我还是爱着他的。更何况他已经认错了，而且一直在努力挽回。如果他没事，我一定放弃自己的原则，重新回到他身边。

我在雨中奔跑，恍惚间看到他驾的车朝我开来，我猛扑过去，看到他安然无恙。看到我，他有些吃惊，问我："你是疯了吗，下这么大的雨，不怕身体又犯病？"

我顿时明白了，那个家伙只是想吓唬吓唬我，而那个会发嗲的小女生，只是他雇来气我的，未曾想到我真的当真了。

在大雨中，他一下抱住我，我猛打着他，连踢带捶，发了疯一般地骂着："你这个大浑蛋，真是想找死。你生下来就是来折磨我的！"我还未骂完，他便紧紧抱着我让我喘不过气来，雨水夹杂着泪水，我们的心再一次贴在一起。

原来，这辈子我们可能都无法放弃彼此！

两个月后，我们开始重新装修房子。三个月后，我们搬进了新家。

半年后，我怀孕。

林然经常陪我走在家附近的林荫道上，他总把我的手拽得很紧，我挣脱，他不干，说："这辈子，再也不想放手……"

"爱"只一个字,却要用一生去诠释

> 我见到你之前,从未想到要结婚;
> 我娶了你几十年,从未后悔娶你;
> 也未想过要娶别的女人。
>
> ——钱锺书写予杨绛

他24岁,她22岁。

经村里的媒人介绍,他们相识。出身书香门第的她,每次都以"您"来称呼他。他有些不高兴,说:"这个字真假,还不如'你'实在!"她按照他的要求做得很好。

恋爱时,他尽管很喜欢她,但每次交往,他总是对她尊敬有加,从不越矩。他朴实、憨厚的言行感动了她,渐渐觉得,他就是她这辈子要寻求的依靠。

他26岁,她24岁。

她身穿一身粉红色的小碎花棉袄,胸前戴着小红花,顶着红盖头,坐着他的大花轿,喜气洋洋地嫁到他家。新婚夜,他微微醉,揭开盖头,她羞涩地低下头,苹果般的圆脸涨得通红,他觉得自己娶到了全村最美的女人。她抬头看着他粗犷的样子，心中有些不安。他似乎看透了她的心，端坐床边，温柔地呢喃："这一辈子，都会对你好！"

他知道她出身娇贵，便独自承担起家里家外的事，连厨房都不让她进。每次他忙完回家，就会到厨房忙一通，然后端上一大桌子的菜肴，全是她爱吃的。一直数年，日日如此。

他30岁，她28岁。

她怀了他们的孩子，看着她一天天鼓起来的肚皮，他高兴得像个孩子，变着法儿地给她做好吃的，哄她开心。几个月后，在撕心裂肺的疼痛后，她终于生下一个鲜花般的女儿。因为难产，她在产房呻吟了一夜。外面的他，像热锅上的蚂蚁，恨不得自己去替她承受一切。

看着虚弱的她，他的眼圈都红了："辛苦了，放心，这一辈子，我都会对你好！"她问他："是个女孩，你喜欢吗？"他说："当然喜欢！不过，我担忧女儿将来也要受这种痛苦。"

他36岁，她34岁。

那一年，从小有胃病的她，被查出患了胃溃疡，急需做手术。他的心一惊，感到手足无措。三天三夜没合眼，多方请人打听，从中周转，才请到了省城最好的外科医生。当他得知手术很成功的时候，这个铁骨铮铮的硬汉，终于在大庭广众之下用泪水释放了内心所有的柔软。

在医院，他饭来汤去，抱着她去洗手间，逗她开心。把她当个孩子似的，从不厌倦。午夜梦回，她发现他握着她的左手轻声叹气，清晨起床，看见他却是满脸的笑容。

他48岁，她46岁。

女儿考上了省城最好的大学，他们高兴得手舞足蹈。送女儿上大学，看着缓缓移动的火车，她的泪水终于流了下来。他抚着她的肩膀说："孩子是去学习了，为前程打基础，有什么好伤心的呢？"回到家手，他悉心地照顾她、安抚她，逗她开心，不让她有半分的失落。

他57岁，她55岁。

女儿穿着婚纱，和她最爱的男人走进了婚姻的殿堂。她看着空荡荡的家，心酸地流下了眼泪。他扶她坐在沙发上，调侃地安慰道："真好啊，终于剩下我们两个人可以过清静的二人世界了。"

他60岁，她58岁。

他退休了，拉着她的手说："现在终于有时间带着你看看外面的世界了！"他领着她，四处旅游。在桂林漓江，他坐在江边，看着清澈的水流，感慨："能够与你共度一生，是我这辈子最大的幸运。如果有来生，你还陪我一辈子，好吗？"她笑着骂他："你个老东西，这么大年纪，还说这么肉麻的话！"

他72岁，她70岁。

他们行动开始有些迟钝，每次走路，她都挽着他在小区遛弯儿。他带着她到公园里，聊起他们年轻时候的故事，那些刻骨铭心的小事，一辈子也讲不完……

他 82 岁，她 80 岁。

他端着一碗冒着热气的排骨汤说："老太婆，喝完这碗汤后，你想想，你这辈子跟着我究竟亏不亏？我对你好不好？"几十年来，他不断地在她面前重复这个问题，每次她都笑而不语。其实，她内心一直在对他说："不亏，跟着你真好！"

他到了另一个世界，她 94 岁。

深夜，她独自一人躺在那张大床上，泪流满面。半梦半醒时分，她似乎又听到刚嫁给他的那一天，他在她耳边呢喃的声音：这一辈子，都会对你好！她醒来，抹掉眼角的泪水，四处寻找，却只触到了那半边床的冰冷。她起床，看着床头柜上他的照片，自言自语："你啊，还说一辈子都对我好，现在怎么独自离开，扔下我一个人！"说着说着，泪水便流了下来。无奈中她终于明白，"爱"仅一个字，虽然简洁，可他却用尽了毕生的耐心去诠释其内涵，而她读懂这份爱，却用了七十年。

你是灰太狼，我是红太狼

> 世界上有一个人，不见面的时候会一直惦记着他，见面时却又脸红心跳，什么话都说不出口。他总是轻易地把你的心揪住，让你无法忘怀，也能让你胡思乱想睡不好觉，但你仍然甘之如饴，因为你爱他。他是你最甜蜜的负荷。这个人，叫作恋人。

1

他们结婚已经很多年了，从清贫到富有，最后到如今的破产，他们一直在一起，无论富有还是清苦。那天他们围坐在电视机前依偎着彼此，看着那部叫作《喜羊羊与灰太狼》的动画片。他笑着对她说："你看灰太狼多好，红太狼天天欺负他，打他，他都一如既往地爱着红太狼。"她温柔地看着他，明白他话里的含义。她也笑着对他说："你看红太狼多好，结婚以来她从来没吃到一只羊，但她还是一如既往地陪着他。"

2

男人原本贫困，经商几年，在妻子的支持和鼓励下，经过自己的努力，终于发财致富。随后，他越来越觉得妻子太丑，与他的身份极不相配。

于是，男人便提出了离婚。女人刚开始不同意，但后来还是答应了。两人分了家产，又无孩子，便痛痛快快地分手了。

分手后，男人感觉到从未有过的轻松与自由，很是潇洒地过了一年。之后，他便又厌烦了这样的生活。一天，他在雨中开车时看到公交站牌边有一个面貌姣好的女孩，女孩也频频冲他微笑。

他心中蓦然一动：好熟悉的眼光啊！他把车停好，便与她搭讪起来，然后开始约会。再后来，他们便结了婚。婚后妻子除了温柔体贴地照顾他之外，平时总是缠着他讲一些关于他前妻的事情。每到这个时候就令他不知说些什么好。女人还留了一个小小的箱子和一把精致的钥匙，对男人绝对保密。

直到一天，女人卧床不起，她将钥匙交给男人，很平静地说，我死之后你可以打开那个箱子啦。女人终于离开了人世，再次失去妻子的男人迫不及待地打开了那个让他牵挂已久的箱子。箱子里只有一个厚厚的日记本，日记本里记述了一个女人整容的前后过程。

3

她很爱他，但他并不是很专情。

女孩很爱下雨天，也喜欢淋雨。每次女孩在外淋雨，男孩都想陪她一起，但总被她以"淋雨会生病"为由而拒绝。

男孩有时也会反问："那你为何要去淋雨呢？"女孩总是笑

而不答。

一年后，男孩喜欢上另外一个女孩。那天，他向她提出了分手的要求，女孩默默地接受了。因为她知道男孩就是一阵风，风是不会为任何人停留的。

那天晚上，天空又一次飘起雨来。男孩忍不住还是问："为何你总是不让我陪你一起淋雨？"许久后，女孩缓缓地说："因为我不想让你发现我在流泪！"

4

他们每天都会在同一辆公交车上见面。她总是偷偷观察他，很专注地听他说笑。

那天，他提及了一个女孩的名字，很不巧，那个分贝足以让她捕捉到。她听罢，心里不温不火，只是不自觉地流下了泪水。晚上回到家，她发了一条短信："我也爱你，在一起。"

5

6岁，回家前：一分钟内我要是抓到你，你就和我一起玩。

16岁，出国前：四年留学回来后我要是找到你，你就嫁给我。

38岁，手术前：五个小时后要是看不到我，你就忘了我。

79岁，临终前：下辈子如果我还能遇到你，请你努力记起我。

因为，这个游戏，我只想和你一个人玩。

6

就如诸多男生一样,他爱上了班级里最漂亮的她。看到他们给她写情书,他也写了一封。正要送出,恰巧老师来了。情急之下,他便把情书吞了下去。她很感动,就主动跟他说话。恋爱、结婚。60年后,她病危了。

他后悔没有早些向她说出真相,鼓足勇气对弥留之际的她说:"其实那是一张白纸。"她笑了笑:"我知道。"

7

他在公司第一次注意到她,是因为她左手拇指上涂成红色的指甲。

他脑海中天马行空的想象又开始不停地琢磨她。

为什么涂红色?为何单单是一个手指?

慢慢地,他开始对她感兴趣,一点点地与她靠近。

她的特别引起了他满满的好奇心,一来二往,他们就在一起了。

结婚那天,她问他为什么会爱上自己。

他很诚实,告诉了她那个红色指甲的事情。

她突然大笑起来说:"傻瓜,那是朋友买指甲油,我帮忙试用而已。"

笑着笑着她又哭了,她说,其实我很普通,只是在你眼中很特别。

8

老人终身未嫁,所有人都不知道为什么。

有一天老人突然买了一副棕色的美瞳，费劲地戴到眼中，泪不停地流下来。

邻居好心地告诉她，她年纪这么大戴美瞳会让人笑话的。

她不顾，只是轻笑以对，每天照着镜子发愣。

后来老人走了，邻居在给她收拾遗物时，发现一个破旧的盒子，里面放着一张泛黄的照片。

照片里，老人旁边的男人，棕色的瞳仁映着光芒。

9

她年轻时身材很苗条，于是酷爱穿高跟鞋。

她的鞋柜里摆满了各种各样七八厘米高的高跟鞋，把她的身材衬得越发高挑。

后来，她嫁给了他，因为要做家务，她渐渐地离开了高跟鞋，渐渐地成了平常的主妇。

过年，他们一同上街，她在一双高跟鞋旁边犹豫了许久，他开口道："买下吧，走路远的时候我可以背着你。"

相守到老不离不弃的不一定是爱情，但爱情一定是相守到老不离不弃。

10

他说："分手吧，我们俩不般配！"

她望着他的脸强颜欢笑，大学毕业的他竟然把这个词用在恋人身上，嘲笑之余她心中还是隐隐地作痛。最后，她走了，去了另外一个城市散心。

三个月后,她又回来了。听说他在他们分手的第二天就和新女友在一起了。不过,那个女人后来因为交通事故脚跛了,之后他便又离开了她。

她冷笑:"般配"这个词,用的还真是恰当。

你的样子，决定了爱情的样子

> 在爱情面前，女人的架子不要摆得太低，死缠着一个拒绝过你的男人，只会增加他心底对你的轻视。

苏珊最近恋爱了，每天脸上都挂着甜蜜的笑。

走在街上，那兴奋的样子像自己中了彩票，得了大奖似的。她经常一个人呆坐在办公桌前托腮偷乐，就连被上司狠狠地批评，她也内心强悍地处于咧嘴傻笑的状态。自从坠入爱河，她就成为办公室里下班最积极的一个。现代职场，那些到点就走的员工绝对不受领导青睐。下班时间还未到，苏珊就开始收拾东西关电脑，随时准备拎包走人。领导看不惯，她便会响亮地喊一声："约会！楼下有人等着呢！"保准让领导无话可说。就是嘛，楼下有人等，谁会阻挡呢？

其实，苏珊新交的男友从来不曾在公司楼下等过她。她所谓的约会，绝对不是拉着对方的手在月光下漫步，也并非与男友一起吃烛光晚餐，而是飞快地先跑回家，煲好鲫鱼汤，用保温瓶装好，转两趟地铁再转一趟公交车，给男朋友送到公司去。如果男友下班，她再转几趟车给送到家里去。顺道，到家里帮男友打扫卫生，洗洗衣服，清理一下垃圾，等等。

男友的朋友都夸他有眼光，找了个这么贤惠的女人！可苏珊的朋友都说她是个傻女人，把自己摆得那么低，终会伤得很惨重。可苏珊却丝毫听不进去。

后来，为了给男友提供更周到的服务，她干脆搬到男友家里去了。两个人在一起，就可以解决相思之苦了。

是什么样的男人让苏珊如此上心？周围的朋友都很好奇，不断地推测，一致认为对方一定是个又帅气又富有的白马王子。在朋友的再三追问下，苏珊终于说出了实情："他啊，离异人士，还有个七岁的儿子，长得不帅也没钱，可却是个让我神魂颠倒的男人！"

这让所有人瞠目结舌：硬件确实不怎么样，那软件该不错，应是个温暖、体贴、可靠的人吧！张姐作为过来人，很有经验地问道："你每天给他煲汤，做家务，他为你做过什么呢？"

苏珊思绪良久，最终来一句："哎呀，我爱他嘛，只要他给我机会让我照顾他，我已经心满意足了。"

在只求付出不求回报的爱情中周旋了两个月，苏珊的双眼哭得肿成了桃子一般。原来，男友家里七岁的儿子总是不欢迎她，像防贼似的瞪着她，处处找碴儿。挑剔饭菜难吃，还将汤汁洒到她身上，用沾满了油的双手去摸她的白裙子。她终于忍无可忍地咆哮一声，没想到那孩子竟然大哭起来，好像苏珊欺侮了他一般。男友护子心切，马上翻脸，坚决要与她分手。理由就是，为了孩子的身心健康，要与前妻复婚。

为孩子着想,那当初为何离婚?傻子都知道,这分明是一个借口。

而苏珊却不愿意承认对方根本不爱她的事实,还振振有词地在朋友面前替他辩护:"他和前妻早无感情,却能为了孩子委曲求全,完全是个负责任的好男人!"

朋友们都无语,摇头感叹:恋爱中的人,神志就是不清楚。

为了稳住男友一颗摇摆不定的心,苏珊可谓是煞费苦心,找前妻谈判,找对方的朋友示好,并从中调解,使劲地讨好孩子,信誓旦旦地保证一定要把孩子当自己的看。做到仁至义尽,最终,男友终于无刺可挑,勉强答应和她在一起。不过,还附带了一些约束:不许与年轻异性有来往,不许过问他的行踪,不许再与儿子争吵,承担全部的家务,只同居不结婚。

就连家里的保姆都没有这么苛刻的待遇。张姐说:"不用考虑,立即分手,让他有多远滚多远!"

苏珊则昂首挺胸地回答:"制订这种条款,完全是出于爱我。我既然爱他,就该不计一切条件,为他付出全部。这样,他就会死心塌地留在我身边了!"

问题是,这果真是爱情吗?他若不爱你,一味的牺牲和付出能换来他的真心吗?

在"耻辱协议"上签字后,苏珊又变得有劲儿起来。她为更好地履行条款上的规定,干脆辞掉了工作,全身心投入到为男友服务的宏大事业中来,断然拒绝与她曾有来往的所有男人的联系。

半年之后，同事在超市偶遇苏珊，她穿着家居服在与人彪悍地杀价，见她面容憔悴、面黄肌瘦！同事唏嘘：爱情真是残酷，活脱脱把一个青春靓丽的女孩变成这样！一年后，我接到苏珊的求救电话：她从男友那里搬出来，想借我的房过渡一段时间。在我的追问下，才得知，那些妥协的协议根本没能留住男友离开的脚步，人家再次决定要与前妻复婚。

我听到愤愤不平，为苏珊叫屈："这么好的一个女孩，怎么就遇到这样的人渣？"

张姐说了一句极富哲理的话："你的样子，决定了爱情的样子，一切都是自找的，和遇到什么样的男人没关系！"

一个女孩从 19 岁到 30 岁的爱情感悟

> 年轻的你，有足够的理由相信：你将会得到这世间最幸福的一份爱。所以，我也有足够的理由劝告你，要耐心地等待。不要太早地相信任何的甜言蜜语，不管那些话语是出于善意或是恶意，对你都没有丝毫的好处。果实要成熟了以后才会香甜，幸福也是一样。
> ——席慕容

人一生，什么样的爱人才是最完美的，什么样的爱情才是最美好的，真的要等到一切都尘埃落定，等到人生终于归于简单平淡时，才会猛然懂得，踏实和单纯才是最真实可靠，最值得你一辈子去守候的。一个女孩从 19 岁到 30 岁会有怎样的爱情感悟？

19 岁，我开始人生的初恋，大一时有个男生每天为我占图书馆座位，还给我买小笼包吃。另外，情人节还送我打折玫瑰，我白衣飘飘地坐在他的单车前，上演着花样年华。

结果呢，大学毕业我们各奔东西，大学的恋情往往是"黄粱梦"，能够"水到渠成"的不多，想了想，最难忘他晚自习送来的小笼包。

23 岁，我变得聪明而多情起来，想找个"四有新人"，就是有型、有款、有车、有房，或则干脆说就是李泽楷那样的，但那样的人不是给我准备的，于是我降低要求想嫁个"小有钱人"。

后来看了太多有钱人花心的故事，我又被迫降低标准。没有钱，个子高长得帅也行，至少养眼。这样的男人交往了几个，结果长得比我难看的被我甩了，比我长得好看的甩了我，男人女人均是"好色之徒"。

25岁，我终于塌下心来想找个知冷知热的男人过日子，毕竟凡人多是"柴米夫妻"，但这也难。我遇到一个好像和钱有仇的男人，他总怕一夜之间人民币贬值似的，迫不及待地把钱花出去，这样的人我能嫁吗？当然不能。

遇到的第二位男人，小气到让我侧目，他不打折的东西不买，牙膏用完了要死挤，挤完了还要用剪刀剪开，天啊！我怕嫁给他一条内裤也要穿十年，所以还是快闪。

27岁，我理想的男友条件一直在降低着标准，却仍"独守空闺"。我妈说我这人太挑剔，我说我这是追求完美，那和挑剔是两回事。

30岁，我的嫁人条件更简单。我希望有一个男生，如果手里有两只红橘，他会把那个大的给我吃，如果我爱吃，他就全都给我，如果我嫌剥皮费事，他就替我剥，如果我嫌吃费事，他就把它们榨成果汁。这种男人具备一颗"平凡爱人"的心，这就足够了，若得此君，夫复何求！

人生就是这样，走了那么多路，能够和你相守一生的人并不一定和你有着轰轰烈烈的爱情，只有那种平平淡淡的爱才是最真，也是最长久的……

不同人眼中的不同种爱情

> 年轻时总以为能遇上许许多多的人。
> 而后你就明白,所谓机缘,
> 其实也不过就那么几次。
>
> ——电影《爱在日落余晖时》台词

数学家眼中的爱情:

一个男人在茫茫人海中喜欢上一个女人,并且鼓足勇气约会她的概率是 1/2000;

这个女人和男人约会 4 次后,喜欢上他的概率是 1/4;

而男人坚持约会同一个女人 4 次的概率是 1/2;

相爱的两个人最后结婚的概率是 1/3;

而中国目前的离婚率大约是 1/20。

综上所述,两个人从相爱到白头偕老的概率是 1/2000 乘以 1/4 乘以 1/2 再乘以 1/3 再乘以 19/20,即 19/960000,约为十万分之二。

可见,完成一段美满的姻缘比考名牌大学要难得多得多。

小说家眼中的爱情:

女人一定要倾国倾城，温柔似水，外加追求者无数。

男人不一定要帅，但一定要身怀绝技加上无限多情。

两个人一定要生活在动乱的社会中，最后注定要因为世俗偏见等级制度或者天灾人祸导致生离死别。

凄凄惨惨切切，在悲剧中产生无限的美感。

生物学家眼中的爱情：

当一个男人遇上一个女人。

女人的影像通过瞳孔投射到视网膜，通过视神经传送到大脑神经中枢，产生了一系列化学反应，使得身体分泌出荷尔蒙。

如果荷尔蒙浓度足够大，男人就会爱上女人。

所以，爱情最多能持续九个月，因为这种荷尔蒙最多只能维持九个月。

心理学家眼中的爱情：

一个人在童年时期和异性父母的接触中就产生了未来爱人的模型。

如果异性父母的爱让他很满足，他以后就会爱上和异性父母很像的人。

如果异性父母的爱让他失望，他以后会爱上和心中构造的完美异性父母很像的人。

所以爱情说到底就是爱自己或者爱父母。

普通人眼中的爱情：

爱情其实很简单：相爱的两个人从远距离互相欣赏优点，中距离互相全面了解，到近距离彼此包容缺点。

生活中有雨有晴，有圆有缺，但彼此不离不弃，快乐陪你过，伤痛陪你躲。

等到风景都看透，依然有你，陪我看细水长流。

料想，这才是爱情最原本的样子！

就像国王的新装，那些夸你衣服多漂亮的人，反正和他们无关。说得越好听，说明这笑语就越可笑，只有那个冷冷地说你没穿衣服的人，才是真正地对你负责，要是再给你条毯子裹上，那就是真爱了。

——佚名

有些人浅薄，有些人沉默，有些人金玉其外，有些人内在光华。

但每个人都会在某一天，遇到一个彩虹般绚丽的人。当你遇到了这个人，就会觉得其他一切都是浮云。

——电影《怦然心动》台词

时隔多年，仍然是那么喜欢最后的一句话：那个男孩，教会我成长；那个女孩，教会我爱。每个人都有一个一直守护他的天使。他们安静地出现在你的生命里，陪你度过一小段快乐的时光，然后不动声色地离开。

——佚名

通常，每一个内心强大的女人背后都有一个让她成长的男人，一段让她大彻大悟的感情经历，一个把自己逼到绝境最后又重生的蜕变的过程。一个拥有强大内心的女人，平时并非是强势的咄咄逼人的,相反她可能是温柔的,微笑的,韧性的,不紧不慢的,沉着而淡定的。

——佚名

听到一些事,明明不相干的,也会在心中拐好几个弯想到你。喜欢一个人,会卑微到尘埃里,然后开出花来。如果情感和岁月也能轻轻撕碎,扔到海里,那么,我愿意从此就在海底沉默。你的言语,我爱听,却不懂得;我的沉默,你愿见,却不明白。

——张爱玲

所谓的爱情,就是有那么一个人,可以轻易地控制你的情绪,前一刻让你哭,下一刻让你笑。真正的爱情,就是这样:当我们老了,我还是会记得你当初让我心动的样子。

——佚名

看到为爱勇往直前的你,就算是冻水,也会被沸腾的。而我,对你的感觉也渐渐地升温,不知不觉的,也到了即将沸腾的 98 度。

——佚名

爱情不是弱势的怜悯,而是强势的吸引。

——佚名

两个相互珍惜的人,应该不会想过分占有彼此,而是偶尔想到对方觉得很好,甚至都不敢想太多未来,你怕想多了,就会惊动这小心翼翼又暗自浮潜的情愫。它比暧昧明朗，也比暧昧羞怯。无须承诺，亦没有担忧，你心底知道这样的遇见就是最美好的事，若打着爱的名义要求更多，那不是爱，而是占有。

——佚名

一个人走不开，不过因为他不想走开；一个人失约，乃因他不想赴约，一切借口均属废话，都是用以掩饰不愿牺牲。

——佚名

爱情不是选举，不需要最高支持率，只需要弱水三千，你遇到你那一瓢。

——佚名

后　记

　　本书从不同的角度入手，记录了几十个不一样的心灵故事。亲爱的读者，当您阅读本书时，如果发掘出了心灵最深处的那份感动，也希望您能将这份感动带给更多的朋友。

　　本书的选文一直遵照的准则为：以浅显朴素的语言传达人间真情；以至深的感情诉说五彩人生；在每一个角落把真情的火炬点燃；让每一缕清香在尘世间流传；让真情在心灵的碰撞中凝固成甘泉，去慰藉和滋润受伤的心灵，让读者能从中收获到一份心灵的感动与营养。

　　许多人一口气读完本书，而且收效不错，但我们还是建议读者放慢速度，花点时间，慢慢品味每个故事，就像饮用一杯陈年老酒，细细啜饮，思索每个故事所蕴含的生活意义。如果慢慢用素心去读，您会发现每个故事回味无穷，都能从不同方面滋养您的心灵、头脑和灵魂。

　　由于时间仓促，我们无法与本书内文的作者一一取得联系，在此谨致深深的歉意。敬请原作者见到本书后，能及时与我们取得联系，以便我们按照国家有关规定支付稿酬和样书，联系邮箱 nuanxinzhizuo@126.com。书中有不足之处，愿广大读者提出宝贵的意见和建议，以便我们再版时得以修正和完善。